成功的真谛

[日]稻盛和夫 著

裴立杰 译

中信出版集团 | 北京

图书在版编目（CIP）数据

成功的真谛 /（日）稻盛和夫著；裴立杰译 . -- 北京：中信出版社，2016.7（2024.1 重印）
ISBN 978-7-5086-6053-0

Ⅰ . ①成… Ⅱ . ①稻… ②裴… Ⅲ . ①成功心理－通俗读物 Ⅳ . ① B848.4-49

中国版本图书馆 CIP 数据核字（2016）第 063097 号

成功的真谛
著者：　[日] 稻盛和夫
译者：　裴立杰
出版发行：中信出版集团股份有限公司
（北京市朝阳区东三环北路 27 号嘉铭中心　邮编　100020）
承印者：　北京通州皇家印刷厂

开本：880mm×1230mm　1/32　　印张：7　　字数：111 千字
版次：2016 年 7 月第 1 版　　印次：2024 年 1 月第 4 次印刷
京权图字：01–2015–6595　　书号：ISBN 978–7–5086–6053–0
定价：69.00 元

目录

第 1 讲 心与经营

第 2 讲 为什么经营者要懂哲学

第5讲 提升心性，磨炼灵魂

第 6 讲 拓展命运之路

第1讲

心与经营

人生与经营都是自己内心的反映

在这里我要讲的是“心与经营”，我想通过对自己大半生的回顾，谈谈人的内心会给经营带来怎样的影响。

第二次世界大战即将结束时，我在旧制中学里患上了结核病，一度濒临死亡。当时我摄取不到足够的营养，只能休学回家卧床休养。我的叔父和叔母在战争时期就死于结核病。在那个时代，结核病被认为是不治之症。继叔母之后，叔父也染上结核病，随后我这个侄子又患上同样的病，因此外面风传“稻盛家有结核病的遗传，那个孩子恐怕也不行了”。

在那期间一个偶然的机会，我读到一本宗教方面的书，书中写道：灾难和幸福都取决于人的内心，一个人拥有怎样的内心，就会创造怎样的境遇。也就是说，如果将患病归咎于你的内心，那么感到幸福也是你内心的缘故。读后我深受触动。

当时我并非病入膏肓，只是处于结核病初期的肺浸润阶段，每天躺在床上，骨瘦如柴，濒临死亡深渊。那本书正是在那样一种境况下读到的，所以给我的印象非常深刻。

还有一件事也让我相信身边的现状是自己内心的反映。在二战结束前的1944年下半年到1945年，我的家乡鹿儿岛在轰炸中被烧得面目全非。我虽然正患结核病卧床休养，可是为了不给父母增添麻烦，每次遇到空袭我都逃到防空洞里。空袭越来越猛烈，我们只能眼看着自己的家面临被烧毁的危险。我在空袭中拼命奔逃，不知不觉中竟忘记了自己的病情，等意识到自己还是个病人时，疾病竟然已经痊愈了。

后来，我的身体逐渐恢复。大学毕业后我参加了工作，27岁那年意想不到地开始经营今天的京瓷公司，到今年正好历时28年。

在最初工作的公司里，我担任主任一职，我和以前的上司——课长、部长，以及我的助手总共 7 人携手又创办了一家公司。

之前的那家公司几近倒闭，我们的初衷是自己创办的这家中小企业能养活我们即可。我们创办和经营这家公司时想：无论怎样，充其量我们也只能办成一家有两三百名员工的企业，这就算是很大的成功了。可是今天我们的公司已经发展到连我们自己都难以置信的地步：销售额达到 2 000 多亿日元，员工 12 000 人，资本金 300 多亿日元。我们在美国创建了 4 家工厂，仅美国员工就雇用了 2 000 多名。

当时我满口鹿儿岛方言，连普通话都讲不好。现在总算能讲普通话了，可是语调还是略有不同。这样一个人，将业务发展到海外，创办并经营着多家工厂，实在是令人难以置信。

因罹患结核病而濒临死亡深渊时，我从书本中领悟到身边的现状忠实地反映出一个人的内心；27 岁那年创办公司，此后 28 年间，出乎意料的事情在我身边接二连三地发生。这两件事体现出，人的内心具有多么强大的力量。对此，普通人恐怕难以相信。

我是搞技术出身的。我们的企业经营就从我所从事的陶瓷研究工作开始。也就是说，我是搞技术的科研人员。因此，我完全没有将人心的问题纳入所谓技术和研发中去考虑。我们彻底追求经营的合理性，坚持以科学的方法开展经营活动。然而无论如何我还是感觉到，人的内心对身边的现状有巨大的影响。

在那期间一个偶然的机会，我读到一本宗教方面的书，书中写道：灾难和幸福都取决于人的内心，一个人拥有怎样的内心，就会创造怎样的境遇。也就是说，如果将患病归咎于你的内心，那么感到幸福也是你内心的缘故。读后我深受触动。

看得见的部分和看不见的部分

我认为，企业中有看得见的部分，也有看不见的部分。看得见的部分指的是资本金的数额、财务的稳健性、拥有多少包括不动产在内的抵押物，以及技术开发和人力资源等用数字可以量化的内容。看不见的部分指的是领导者的信念或人生观，还有员工营造出的氛围，也就是企业文化。企业文化是在潜移默化中形成的，事实上是企业员工内心的反映。或者说，员工的内心意识营造出的氛围就是企业文化。

我认为，与可用数字量化的资本实力、技术实力和人力资源等看得见的部分相比，看不见的部分对经营的影响要大得多。我自己的经历可以充分证明这一点。

我毕业于家乡一所大学的应用化学专业，当时不过是一名化学领域的技术员，并不是什么陶瓷专家。总之，我不是一个多么了不起的人，学历也不过如此而已。物以类聚，人以群分，肯定不会有什么了不起的人才聚集在我这样的人周围，而且我也没有雄厚的资产和资金实力。

在一无所有的情况下，企业获得了惊人的发展，这肯定是因为看不见的部分产生了巨大影响。

企业文化是在潜移默化中形成的，事实上是企业员工内心的反映。或者说，员工的内心意识营造出的氛围就是企业文化。

人类的意识也可以传递给植物

我这么说，大家可能不太相信。下面我想举一个或许有些牵强附会的实例，借此说明人的内心具有多么强大的影响力。

大约在半年以前，NHK（日本放送协会）播出过这样一档电视节目。众所周知，植物之所以对光线有反应，是因为植物体内具有光感受器。树木也好，花草也好，都是向阳的一面枝繁叶茂，而背阴的一面枝条生长缓慢，叶片也很稀疏。最简单的例子就是向日葵的圆盘会朝着太阳的方向转动。每一棵树都是向阳的方向枝叶茂盛。植物吸收太阳的能量，将空气中的碳、地下的水分和矿物成分一起经过碳同化完成光合作用，因此植物对光线非常敏感。这方面的知识我想大家已经非常熟悉了。

NHK 播出的这档节目是对植物进行的一个实验，目的是测试植物对声音是否有反应，看植物是否能感知到声音。节目很吸引人，整个实验过程是在植物的叶片里装上一个类似于人类使用的测谎仪那样的装置，然后安装示波器和记录器，测试植物听到声音后会产生怎样的反应。

给植物播放音乐，当实验人员改变音乐的类型时，示波器和记录器会发生怎样的变化呢？实验中尝试给植物播放各种音乐，比如古典音乐、流行音乐，结果植物传递出的波形发生了改变。我们还不清楚这到底意味着什么，只是看到波形彻底发生了改变。植物枝叶表面的电流发生了变化，说明电流在声音的作用下发生了改变。

NHK 的节目还介绍了下面的事例。

美国艾奥瓦州有一位中年男子开着拖拉机施肥，拖拉机上安装着大型扬声器，他一边播放古典音乐一边施肥。NHK 的记者采访他时问道：“为什么要这样做呢？”他回答说：“施肥时播放音乐，产量会增加 20%~30%。”

苏联在十多年前也进行过一个有趣的实验，目的是测试植物是否能感知到人的意识，也就是人内心的想法。这个实验是由苏联科学院的心理学家开展的。他们用一盆花做实验，在花上安装测谎仪。科学家先让女助手心中默想“这盆花美极了，太可爱了”，观察植物传递出的波形；然后让这位女助手心中默想“这盆花太脏了，真想把它扔掉”，再观察它的波形。

结果研究人员发现，安装在盆栽花中的电极输出的波形截然不同。这项实验引起了巨大反响，美国和欧洲立即开展验证性实验，可是结果证明这项实验没有复现性。苏联的实验小组受到全世界的强烈谴责，这项实验也被指责为胡编乱造、欺世盗名。

苏联方面及时调整了实验方法。上次的实验被证明没有复现性，这回他们请一位容易被催眠的女性参与到实验中，让一位催眠技术高超的心理学教授坐在她身边，对她进行催眠。在她彻底进入催眠状态后，同样在她面前放置一盆花，诱导这位女性在潜意识中默想“这盆花太脏了，真想把它扔掉”，接下来再让她默想“这盆花美极了，太可爱了”。整个实验过程就是让这位女性在潜意识中默想上面的内容。

这样一来，复现性就出现了。被催眠后发自内心的想法和别人让你那么想，两者的意识水平是不同的。因此，要想使想法发自内心，最好进入催眠状态，此次实验正是出于这种考虑。总之，这次实验对人的意识和意愿水平进行了强化。

前面我们已经了解到植物对光是有反应的。在 NHK 的节目中，我们看到植物对声音也是有反应的。苏联的实验又向我们证实，植物对人的意识和意愿也会做出反应。

我们都知道，动物能明白人的意识和意愿。猫和狗有时都能看透我们内心的想法，植物同样也能感觉到我们的意识。

每一个细胞都具有意识

最近，基因工程学和基因生物学发展迅速，转基因等新课题的研究取得了很大进展。我曾拜访过京都大学的一位老师，当面向他咨询了这方面的情况。转基因的实验是这样的：提取包括癌细胞在内的人体的各种细胞，在玻璃培养皿中培植含大量营养成分的培养基，然后把细胞放入培养皿中，使细胞增殖。

那位老师告诉我，他在显微镜下观察到：在放入大量细胞的培养皿中，细胞不断分裂、增殖；而只放入几个细胞的培养皿中，细胞的活动非常缓慢，迟迟不见增殖。他对我说："稻盛先生，以前我并不觉得你强调的人心有多么重要，可是这项实验改变了我的想法，那些小到只有几微米的细胞，一个一个也都是有意识的。”

单个细胞是没有头脑的。可是对一个简单的细胞而言，只要周围有自己的同伴，它们就仿佛能感觉到来自同伴的意识一样，以不可阻挡之势迅速增殖。如果同伴稀少，它们就萎靡不振，迟迟不见增殖。那位老师一脸认真地对我说：“所以，也许每一个细胞都是有意识的。”

那位老师的话和前面谈到的植物实验都给我留下了非常深刻的印象。我们内心有各种各样的意愿，我们很容易认为这些意愿只产生于脑细胞。可是，我们的身体是由数量无限庞大的 60 万亿 ~70 万亿个细胞组成的，所有这些细胞也许都是有意识的。我们的意识并非仅由大脑的思考而产生。

经营者要担心经营中方方面面的问题。常听人说：“如果不累到吐血，就成不了一个成熟的经营者。”那么，为什么担心经营中的问题会累到吐血呢？难道担心一件事不只是大脑的任务吗？事实上的确不只是大脑的任务。遇到令人担心的事时心想“糟糕”，此时全身 60 万亿 ~70 万亿个细胞都会在这种忧虑的影响下颤抖。并非只有脑细胞能感知、意识到这种忧虑，而是在脑细胞感到忧虑的瞬间，全身其他的细胞同时也开始忧虑。

举一个例子可以证明这个事实。比如当我们心怀忧虑时，精神持续紧张会导致胃溃疡。胃壁的细胞是非常强健的。人摄入食物后，胃会分泌胃酸。胃酸这种物质我们在化学实验中经常用到，它的主要成分是盐酸，是一种连铁都能溶化的强酸。我们的身体有时分泌出刺激性很强的胃酸，我们就会感觉胃部火辣辣地痛。胃酸平时是储存在胃里的，胃的内壁很结实，足以抵御胃酸的侵蚀，可是当我们内心有所忧虑、精神持续紧张时，只需3天时间就会患上急性胃溃疡，这种情况十分常见。此时，胃酸原本奈何不得的胃壁被溶化，出现了孔洞。

胃壁本来可以抵御胃酸侵蚀，却由于人的内心忧虑而发生了变性。这个例子说明，担心某件事的不仅仅是大脑，而是全身所有的细胞。所以，因为担心某件事而身体崩溃，是有可能出现吐血现象的。

我们是否可以认为所有细胞都是有意识的呢？比如说肠胃的消化吸收不好，肚子不舒服，起初头脑还能保持清醒并正常运转，过不了多久情绪就会变得低沉，大脑就不好使了。恐怕没人有过肠胃不舒服头脑却能清醒运转的经历吧。腰部和头部也是各不相干，可是如果腰痛，头脑就会变得沉重，精神也无法集中。

总之，身体的某个部位感觉不舒服，肯定会影响到全身的状态。我们不妨这么想，这并不是因为只有那部分身体的细胞感觉疼痛，并将疼痛传递给了神经细胞，而是那部分细胞具有意识，这种意识影响到了全身。

经营者要担心经营中方方面面的问题。常听人说："如果不累到吐血，就成不了一个成熟的经营者。"那么，为什么担心经营中的问题会累到吐血呢？难道担心一件事不只是大脑的任务吗？事实上的确不只是大脑的任务。

心想事成的条件

前面谈到内心描绘的情形会成为现实，不过如果只是内心希望如此，是不会成为现实的。事实上，我们内心描绘的现象有时能实现，有时却实现不了。实现的人就相信这种说法，没实现的人就会反驳说：“你说什么呢 ?! 如果都能心想事成，螃蟹就不会横着走了。”有人能实现，有人实现不了，只能说明这种说法不科学。所以如果大张旗鼓地宣扬这种说法，很容易让大家认为这是一种新兴宗教，就会有人说：“那家伙说的都是骗人的吧。”

如果只要心里这么想，结果就一定会如此，那么，把方法告诉大家，大家都能心想事成，也就相信了。可是，情况并非如此。

为什么大家不能心想事成呢？我感觉，要想让内心描绘的情形成为现实，是需要前提条件的。从我自身的经历来看，这个条件应该是内心的意愿必须非常强烈，而且非常持久。

只有内心的意愿强烈而持久，才能表现为外在的变化。前面我们谈到的那个实验中，女助手被催眠后，在诱导下她内心默想“把这株植物扔掉吧”，当这个想法发自她的内心深处时，植物才会做出反应。因此，实验采取的方式是对被试施以催眠术，使其进入催眠状态，让她的想法真正发自内心深处。

想法必须发自内心深处。这意味着内心的意愿非常强烈：“无论如何都要这样。”而且，这个强烈的意愿必须持久。我想，大概正是这样一种强烈的意愿让我们心想事成。必须毫不怀疑，心无杂念。“结果会不会是这样呢？要是这样的话就能赚到钱了。”如果只是这种程度的意愿，也就没有什么讨论的价值了。自己从内心深处就不相信的事情是不会实现的。只有始终坚信，内心的意愿才能成为现实。

回想起来，京瓷公司就是依靠强烈而持久的意愿创办起来的。公司成立之初建在京都的西之京原町，资本金 300 万日元，吸纳了 7 位志同道合者和 20 名初中毕业生。晚上，我和 7 位同人边喝酒边给我们自己鼓劲："过不了多久，我们就会成为京都西之京原町第一的企业，接下来会成为中京区第一的企业，然后成为京都第一、日本第一、全球第一的企业。"当时企业的资本金只有 300 万日元，刚刚租借其他公司的仓库建起了工厂，我们就说出了"建成全球第一的企业"这样的豪言壮语。像梦话一般，我们接二连三地说出"西之京原町第一、中京区第一、京都第一、日本第一、全球第一"，在别人看来这简直是愚蠢至极，而我们自己却一脸认真地相信"一定能做到"。

缺乏热情的人可能会想："真是痴人说梦啊！认清现实吧！"在旁人看来，连"西之京原町第一"这个目标我们都不可能实现，更别说"全球第一"了，可我们自己却是认真的。我们沉浸在自己的意愿之中。要想使理想变成现实，需要有如此强烈的意愿。俗话说："精诚所至，金石为开。"无论做什么事，只要信念坚定，就能心想事成。

我认为这是实现内心意愿的根本所在。

那么，是否只有强烈的意愿就足够了呢？我感觉似乎还应该有另外一个条件，那就是在内心把美好的意愿描绘出来。

这一点我们可以从很多经营者的经历中看到，不少经营者接二连三地遭遇破产之类的倒霉事。政治领域也有类似事件，比如显赫一时的人物走向毁灭。在很多情况下，成功与失败之间仅毫厘之差。那么，失败与持久成功之间究竟有着怎样的差异呢？“无论如何都要成功”，这种强烈而持久的意愿引领我们走向成功。不过，源于一己私利的意愿虽然可以让我们获得一时的成功，却无法获得持久的成功。

内心的多重性

我们的内心有多重性。略加思考我们就会明白，最基本的层面就是所谓的本能，它是随着我们呱呱坠地与生俱来的。婴儿一出生就渴望吸吮母亲的乳汁，这就是一种本能。本能是上天赐予我们的，它让生为肉体的人类能够保护自己并维持身体的功能。这属于一己之私利，是自我本位的。换言之，这是主观之心。很多人仅凭本能工作，他们工作的目的只是为了赚钱。

随着年龄的增长，人的学识和修养日益深厚，高于本能一个层面的理性开始萌发。理性是从科学的角度进行思考。摆脱主观，从客观的角度把握事物，并对事物进行分析、推理和判断，这是科学产生的源头。

比科学更高的层面超越了理论、理性，更加崇高，蕴含着更丰富的精神。我们一般所说的良心，大致就是这个意思。它高于理性，比如乐于帮助贫困者，还有我们常说的善解人意。

那么，我们在开始时谈到的强烈意愿，来自内心的哪个层面呢？是来自一己私利的本能，还是来自理性呢？

以企业经营为例。境界略高的经营者可以摆脱一己私利，时刻牵挂着员工的利益："我自己也想成功，可同时也希望给员工带来幸福。现在以这么低廉的工资雇用员工，我一定要通过不懈的努力获取更大的利润，让员工尽可能过上更好的生活。我正是为此而努力的。"再高一个境界，思考的问题又会有所不同："为了使社会更加完善，我要通过工作为社会做出贡献。"

只是意愿强烈还不够，意愿的来源也很重要。如果来自本能的强烈意愿是自私自利的，只考虑自己不顾别人，那么正如前面所说，这是主观之心，是利己之心，因此这个意愿的实现肯定会给别人带来麻烦。他们踩着别人的肩膀往上爬，会和许多人产生摩擦。总之，他们是牺牲周围人的利益去追求自己的成功，这样的行为必定会产生反作用。他们或许能获得一时的成功，但是在反作用下，终将一败涂地。

而如果境界更高，以博爱和慈悲之心为基础，那么意愿越强烈，则企业越繁荣，发展越持久。

失败与持久成功之间究竟有着怎样的差异呢？“无论如何都要成功”，这种强烈而持久的意愿引领我们走向成功。不过，源于一己私利的意愿虽然可以让我们获得一时的成功，却无法获得持久的成功。

员工的意愿决定企业的命运

鉴于上述观点，企业领导者终日心怀怎样的意愿非常重要。大家可能会想：“我内心所想没有妨碍任何人。我想什么不用别人知道。”我们自认为只要自己不说出来，别人是不会知道的。然而，我们内心的想法却会给企业带来巨大的影响。

企业领导者都有自己的经营理念。我们常常可以听到各种各样的经营理念，很多情况下，我们听到其他企业的经营理念后会感叹“这个理念真不错啊”，于是也开始倡导“和为贵”之类的理念。有些经营者甚至把经营理念贴到公司的墙上——“我们公司就按照这个去执行”。实际上，这样的做法很可笑。

理念这种东西，如果领导者本人不相信，而是从别人那里借来的，是一文不值的。我们没必要把经营理念想得有多么高深。理念可以很简单，自己从心底相信才能称为理念。

无论把怎样漂亮的言辞镶进画框挂到社长室的墙上，都是毫无意义的。经营者本人不相信，企业就不会朝着这个方向发展。而且员工将这一切看得清清楚楚，所以也不会相信墙上的理念，当然就不会紧跟领导者的步伐。

领导发自内心的意愿才能成为理念。领导不断向员工灌输这一理念，于是员工逐渐相信并接受。领导者内心的意愿具有巨大的影响力。全体员工内心的意愿形成企业氛围、企业文化。到即将破产的公司走一遭，一眼就能看出“这家公司要完蛋了”。与此相反，一句话也不用交谈，我们就知道“这家公司一定会发展壮大”。发展壮大的公司能让我们感受到某种氛围。

这是只可意会而难以言传的，下面我举一个身边的例子来说明。我们走进有人居住的房子，即使是简陋的茅舍，也感觉生机勃勃；如果三个月无人居住，哪怕是刚建成一年的新房子，你都会感觉仿佛有鬼怪在门口出没。

房子恐怕是完全感觉不到人的意识的，房屋居住者内心的意愿竟然影响到无生命的房屋，何况是每天几十人、上百人在一起工作的企业呢？公司内部充斥着这些人的意愿，大家的意愿会对一切事物产生影响。员工的意愿向何处发展，对企业起着决定性作用。

因此，领导者的意愿至关重要，而全体员工的意愿累积起来，则决定着企业的命运。从这个意义上我们可以明白，人心这个看不见的部分有多么重要。

社会现象也可由意愿决定

如果说居住者决定着一个地方的整体命运，那么以东京这座城市为例，居住在东京的人，他们的意愿凝聚在一处，就决定了东京这座城市的命运。遇到青少年违法犯罪现象，心理医生或社会学家会说："是因为社会存在弊端，所以青少年才会走上邪路。"的确，社会风气败坏会导致青少年心理扭曲，犯罪现象随之增加。不过，在犯罪现象增加的社会中长大的青少年，他们的意愿会使社会风气更加败坏。总之，人的心灵甚至能改变整座城市。

事实上，还真有人进行了这方面的实践。超越冥想（Transcendental Meditation）也流传到了日本。印度人玛赫西在美国创建了玛赫西国际大学，倡导一种缓解压力的冥想方式：让内心平静下来，进入潜意识的最深处。然后通过冥想驱除头脑中的杂念，最大限度地消除头脑中的意识，最终达到被称作“真我”“大我”的境界。瑞士著名心理学家荣格称之为“无意识”。有些人是能进入这种状态的。

玛赫西集合了上百人在城市里一起进行超越冥想，为的是让城市更加整洁美观。当他们进入所谓“绝对真我”的状态时，他们在心中默想：“让这个城市更美好，让这个社会更美好。”有趣的是，实验持续了几个月后，那座城市的青少年犯罪现象大大减少。这是心灵美好的人汇集一处，凭借意念净化社会的一个很好的例证。

玛赫西把这个实验称为“1%效果”。占人口1%的人进行冥想，就可以让一座城市发生巨大的变化。这说明毫不相干的人，如果大家内心都希望这个社会变好，城市中的犯罪现象就会急剧减少。如今，玛赫西正在努力推广超越冥想，希望通过全球规模的超越冥想来拯救人类。

“动机至善”

从领导者到员工心往一处想，的确能够决定企业的命运。既然我们已经注意到意愿如此重要，就应该在工作中时刻铭记。

众所周知，在信息通信自由化之际，我创办了第二电电公司。大家都说我像堂吉诃德一样：“那家伙自不量力，净干荒唐事。”NTT（日本电话电报公司）是一家大型企业，营业额超过 5 万亿日元，仅资本金就高达 7 000 多亿日元。连日本经济团体联合会的高层领导都不想介入电信事业去跟 NTT 竞争，京瓷公司却向 NTT 发起挑战，这实在是太荒唐了。

我刚表示想跻身电信事业，日本国铁立即开始行动，他们认为“那家伙要是能干成的话，我们肯定会干得更好”，于是他们创办了日本电信，准备在新干线沿线铺设光缆。以日本道路公团为主体的建设省也考虑：“我们要是在东名高速公路铺设光缆，不是马上就能干成吗？”于是他们也加入竞争行列。这两家都认为：“京瓷那样的企业都能干成的话，我们应该比它干得更快、更好。”于是就在三四年前，电信事业开始了自由竞争。

刚才谈到，日本国铁只要沿着新干线铺设光缆，这项事业很快就能成功；道路公团也可以在东名高速公路的中央隔离带铺设光缆。可是我们第二电电的现有基础设施为零，唯一的选择是在一座座山上架设抛物面微波天线，进行无线传输。

在实际操作的过程中，在山上架设抛物面微波天线还要跟林野厅交涉，因为有些山上种植的是防护林。在没有公路的地方我们还需要出动飞机。另外，无线电波经由空中传输，为避免干扰，还要避开其他无线电波经过的地方。我们提前调查哪些地方没有无线电波，只能从这些地方经过，整个过程真是历尽艰辛。

大家都认为我们终归是干不成的，没想到我们首先架设好了从东京到大阪的线路。从1986年10月开始，我们投入到专线的运营中，1987年9月4日开通了公用线路。

报社记者最关心的是我们在9月4日之前能赢得多少客户。截至9月4日，第二电电签署了45万份合同，而向NTT提出开通申请的为25万户。另外一家是日本国铁，他们投入了巨额资金，在国铁车站大量发放日本电信的宣传单，共获得14万份合同。我们远远超过了其他两家公司合同数的总和。

当然，这并不是最终结果。今后的竞争会更加激烈，我们必须加倍努力。公司总算顺利发展到了今天，NTT的真藤恒社长在记者会上表示："哎呀，我们认输了。我们输给了第二电电的稻盛先生。跟我这种在造船厂造船的人比起来，电信事业可能还是稻盛先生更胜一筹。"此番言论被报社记者大肆宣传，写得滑稽有趣。

实际上我做的事情确实类似于堂吉诃德，那么当时我是怎么想的呢？的确，我是制作陶瓷的，可我想的是："软件的时代一定会到来。对软件而言，最重要的是信息。

考虑到员工的未来，我们公司也要开展软件事业。”总之，我最初投入电信事业的理由是为企业的未来着想。

我从事电信事业的另外一个重要原因是为普通百姓着想。如今，日本的通信网被NTT垄断，在东京和大阪之间通话3分钟需要400日元的话费。今后如果开展正当的自由竞争，通话费应该能降低不少。我们把话费标准设定在300日元。

在独家垄断的情况下话费是不会降低的。即便是那些在经济团体联合会中平起平坐的大企业联手创办一家公司，与NTT也不会有多大差别，是不会降低普通百姓的话费的。只有由我这个一直经营风险企业的人来做这件事，话费才能降低。无论如何这件事不能交给现有的大型企业，就应该由我这种不成器的经营者来干。

在决定加入通信行业之前，我曾经邀请NTT的工程师千本幸生一起干，他欣然应允。我又分别说服了牛尾电机的牛尾治朗、西科姆的饭田亮、索尼的盛田昭夫。我像明治维新时代的志士一样向他们表明自己幼稚的理想：“我对日本电信事业的未来感到非常忧虑。为了使电信事业真正受到大众的欢迎，现在我们必须挺身而出。”

我的说法乍听起来过于荒谬，大家一时间哑口无言，可是继续听下去，他们就表示赞同了：“你说得没错。”不过他们也提出：“事情并不容易，对方也是大型企业。如果你能承担责任，我们就支持你。”总之，他们的意思是：“我们支持你，但所有责任都要由你一个人来承担。”

接下来我又为另一件事感到烦恼。我首先考虑的是“动机至善”。考虑到员工的未来，我必须加入电信事业，给员工留下可继承的产业，而且无论如何也要降低普通百姓的电信费。那么，我的想法是否仅此而已呢？我有没有渴望功成名就赚到钱的念头呢？我用“动机至善”这几个字自问自答。

我是不是为了个人出风头而哗众取宠呢？我是不是盼望着出名后被媒体大肆宣传呢？我念叨着“动机至善”这几个字，反复追问自己。

我还很看重另外一件事，就是在开展事业的过程中要做到“过程至善”，也就是说为了取得成功不能采取卑劣的手段。

我追问自己能否做到“动机至善、过程至善”，直到自己坚信“我的确是这样想的”，之后才宣布开展事业。只要“动机至善、过程至善”，就不必追问结果。我正是坚信意愿的力量而投身到电信事业中的。

迄今为止，我们孜孜不倦地投入了大约400亿日元，今后打算再投入至少400亿日元，在4年时间里实现1 000亿日元的投资。这项事业的风险很高，到目前为止我们始终保持着美好而强烈的意愿，事业的发展也随心所愿。

坚信意愿的力量，让这种力量在事业中发挥作用，就定能成就伟大的事业。

第2讲

为什么经营者要懂哲学

经营者必须懂哲学

很早以前，我就认为经营者应该懂得哲学。

提到哲学，总是给人一种晦涩难懂之感，其实大家不必把哲学想得那么高深。我想强调的是希望大家拥有高水准的人生观。

经营一家企业，为了始终引领企业走向安全与辉煌，急需我们这些企业经营者对所有机会做出判断，做出判断的标准就是判断者的人生观。所以，我强调经营者应该懂哲学，就是希望大家尽量拥有高水准的人生观。

这么说可能令人感觉有些费解，所以我通过和大家交流自己创办京瓷公司的情况，向大家讲述我所倡导的哲学。

我在鹿儿岛出生并长大，从鹿儿岛大学毕业后来到京都，就职于一家陶瓷公司，从事精密陶瓷的研究工作。这是我进入社会后的第一份工作。我在那家公司干了大约4年，不幸的是与公司领导意见不合，所以就辞职不干了。以此为契机，我原来的上司和几位友人提出应该创办一家公司，于是我们就创办了新的公司。我的下属们也申请加入。这就是京都陶瓷公司，现在京瓷公司的前身。

创办了能按照自己的意愿经营的公司，我干劲十足。和我一起创办公司的7名同伴也感到非常欣慰，因为京都陶瓷公司成立了，稻盛和夫研发的技术有了用武之地。

此前不管研究得多么起劲，取得多么辉煌的研究成果，要想使自己的研究成果问世，都要听取公司领导和经营者的意见，结果是时常被驳回，无法顺利推进。可是，现在这个公司是我们自己创办的，不用再看别人脸色行事，可以专心致志地开展研发工作，于是大家热情高涨。

朴素的伦理观成为判断标准

这时，我离开鹿儿岛不过 4 年时间。虽说“从今天开始就是经营者了”，可我却连何为“经营”都不清楚。一个连利润表和资产负债表都没见过的人要经营一家公司了，束手无策是可想而知的。作为技术员，我可以向客户讲解自己研制的产品，但除此之外，我一窍不通。

然而从公司成立的那天开始，下属就把我当作主心骨，遇事前来跟我商量：“这件事该怎么办呢？”别人有事跟你商量，你不能总是优柔寡断，必须做出判断。这让我很是为难。

那时我 27 岁。如果再年长些，或是在大企业有过哪怕一点管理经验，我也许能明白经营是怎么回事，可是我哪一条也不具备，因此无从做出判断。

我所拥有的只是孩提时代父母和身边的大人教导我的朴素的伦理观：“这个不能做，那个可以做。”判断是非的标准，除此之外我一无所知。

世上有的企业一帆风顺，有的却历经波折。人生也是一样。走向辉煌的企业和一帆风顺的人生，恐怕都是各个环节善恶判断积累的结果。企业如今的业绩也好，一个人眼下的生活也好，都是这种积累的表现形式。所以，各个环节的判断失误，有可能导致此前的一帆风顺转为一败涂地。正确的判断至关重要。

可是，我却不知道判断的标准是什么。所以正如我前面谈到的，我以父母的朴素教诲为标准做出判断。

坚持正确的做人之道

不过，考虑到对员工说“我是以小时候挨父母训斥的事作为标准进行判断的”，这也太缺乏权威性了，所以我采取的说法是：“我是根据原理和原则做出判断的。”

“原理和原则”是一个让人似懂非懂的说法。经常有员工问我：“原理和原则是什么？”于是我向员工宣称：“原理和原则就是正确的做人之道。我做出的所有判断依据的都是这个标准。”我告诉大家，我不是根据企业赚钱与否，也不是根据个人得失，而是以“正确的做人之道”为标准进行判断的。无论遇到怎样的阻碍，我都要把正确的事情坚持到底。

我就是以这种极为朴素的，从某种意义上讲极为“幼稚”的思维方式作为判断标准的。正因为这种以朴素的伦理观作为判断标准是正确的，京瓷才一路走到今天。

我们再来回顾一下，前面谈到要成为经营者就必须懂哲学。不过，我所说的哲学并不是什么高深的理论，而是应该以正确的做人之道为标准对事物进行判断。它不是利害得失的评估，也不是战略战术的制定，而是作为人，要选择一条正确的道路。这是必不可少的。

那么，人所走的正确道路在哪里呢？它的原点就在于孩提时代父母对我们的教导，“这个可以做”；在于父母对我们的批评，“这个不能做”。这就是判断的标准。

如果一个人希望追求更高层次的标准，可以将严格的伦理观作为标准，也可以参考哲学家倡导的哲学标准。我建议大家尽量追求高水平的判断标准，但这些标准的原点还是要追溯到父母对我们的教诲。

“把正确的做人之道贯彻到底”，是成为经营者的条件之一。

要成为经营者就必须懂哲学。不过，我所说的哲学并不是什么高深的理论，而是应该以正确的做人之道为标准对事物进行判断。它不是利害得失的评估，也不是战略战术的制定，而是作为人，要选择一条正确的道路。这是必不可少的。

伦理观欠缺的企业得不到发展

此后，京瓷相继在东京证券交易所第二部和第一部上市，一路发展至今。事实上这种发展模式并不多见。中小企业规模大了就会破产的情况极为常见。

之所以破产，是因为缺少约束企业的伦理观。公司规模小的时候，社长的目光能照顾到各个角落，所以不会出现什么问题。员工在几十人到几百人的规模，企业是能够勉强发展的，问题出现在从中小企业向中坚企业发展，组织结构逐渐庞大的时期。这个时期如果领导者缺乏正确的伦理观，就会发生意想不到的问题，于是有些企业开始停滞不前。

“我们如此拼命工作，为什么公司不见发展壮大呢？”

当我们面临这样的困惑时，多数情况下可能是经营者没能和骨干员工及其他员工就约束企业的判断标准达成共识。未能彻底贯彻判断标准并使其深入员工内心，企业内部就会由此产生混乱，导致企业停滞不前。

> 员工在几十人到几百人的规模，企业是能够勉强发展的，问题出现在从中小企业向中坚企业发展，组织结构逐渐庞大的时期。

经营管理体系不健全的企业得不到发展

另外一个原因是经营管理的问题。

前面我谈到，当时我连资产负债表都看不懂。我逐渐明白了经营企业不懂财务是不行的。于是晚上我把财务课长叫过来，向他学习财会方面的知识。可是，我同时还要做研究工作，从头学习复式记账法的原理实在是太麻烦、太难了。

当时我问财务课长："所谓经营，简单地说，就是销售额高、成本低，对不对？两者之间的差额就是我们赚的钱，对不对？"财务课长点头称是。我心想："那就简单了，我不懂财务也没关系。"最大限度地增加销售额，将成本降到最低不就行了吗？

大家可能认为这是理所当然的，事实上并非如此。很多经营者一定认为销售额增加，成本也会随之增加。可是我却不这么认为。我认为销售额增加，成本可以不增加。总之，我认为最重要的是尽量不消耗材料费之类的成本。这和煞费苦心地创造附加价值是同样的道理。我考虑的是凭借智慧增加销售额，同时减少成本。

智慧的结晶是不需要原料的，无论销售额如何增长，都不花费成本，所以全部能变成利润。增加销售额，压低成本，按照这个思路经营就可以了。为此，不是要把财务工作交给财务人员去做，而是要建立起一套包括生产和营销部门在内，所有部门的核算全部透明的体系。于是我在经营中小企业阶段创建了我称为“阿米巴经营”的模式。

在阿米巴经营模式下，无论企业规模发展到多大，都可以实时看到各部门的详细核算情况。如今，在销售额高达 1 万亿日元的企业中，无论多么小的事业部门，在一个月结束后的下一周内，其核算情况都可一目了然。因此，哪个事业部的哪个地方有问题，哪里出现赤字，在短时间内即可知晓。

唯有构建起这样的管理会计体系，才能在事业规模扩大时看到问题所在，否则将会导致巨大的失败。总之，由于企业规模扩大，经营的实际情况变得模糊不清，最终导致企业走向破产的情况屡见不鲜。

为了避免这种情况发生，我建立了一套体系，使每一名员工都能与经营者在相同的认识下开展工作，而京瓷公司最终也实现了规模的扩大。

请美国的子公司拥有同样的哲学思想

1990 年，我们收购了位于美国东海岸南卡罗来纳州、在纽约证券交易所上市的 AVX 公司，使其成为京瓷的子公司。这是一家拥有数千名员工的大型企业。

公司位于美国，从成为京瓷的全资控股子公司时开始，我就希望它与京瓷拥有同样的哲学思想。日本京瓷的哲学思想与美国企业管理者的想法是不可能一致的，不过我还是希望与他们拥有同样的哲学思想。

我的判断标准是“正确的做人之道”，其原点是父母的教诲。长大后我接触到以佛教为首的宗教以及中国古典作品，对于“正确的做人之道”理解得更加透彻。

我把自己的这些想法归纳总结在《提高心性，拓展经营》一书中，让美国那家公司的管理者和员工阅读这本书的英文版，然后决定以共同拥有京瓷的经营哲学为目的开展一次讨论，于是我来到了美国。

把这本书翻译成英文的是美国当地的子公司京瓷国际（KII）的副社长。他担任过俄勒冈州立大学经营学的教授，曾经负责培训京瓷的美国高管。在举办讨论会的前一天，这位副社长对我说："出麻烦了！"

英译本是在一周前发下去的，要求大家阅读后提交感想。感想大家倒是都交上来了，可内容却出了问题。

大家表示："给我们灌输这种思想真是岂有此理，真让人难以忍受。我们在资本主义社会内部争论得已经够激烈的了，又搬来如此可笑的东洋哲学，真是够了！我们是为了赚钱而工作的，这本书却主张'不能为了赚钱而工作'，这是何等愚蠢的论调！"

那位副社长原本计划用一天半的时间进行讨论，如此看来局面恐怕难以收拾，所以他提出将讨论的时间缩短一半。我回答说"按原计划进行"，然后就参与到了讨论中。

心灵沟通无国界是人类应有的姿态

在讨论的过程中不断有人反驳："这本书第多少页的说法我不能接受。要是向我们灌输这种想法，我们是无法一起经营的。"参加讨论会的有 200 多名管理者，我单枪匹马地回答他们的问题。

比如书中有这样的内容："人不能成为金钱的奴隶。"这一点我在前面也谈到过，他们认为这种说法毫无道理。我反问大家："难道大家不这么认为吗？"

我接着解释说："我确实主张人不能成为金钱的奴隶，但我并没有要求大家的工作状态和日本一样。我考虑到了美国的经济习俗。我很清楚，在美国金钱是提高经营者积极性的激励因素。大家在美国社会获得的商业常识，我也会去实践的。”

事实上，我给这家AVX公司的会长和社长支付的薪水远远高于我在日本的收入。

我接着问大家：“就算是在资本主义社会中，如果有人利用休息日到教会做志愿者，难道大家不会称赞这个人‘了不起’吗？还是会称赞的吧。我只是想说，和在金钱的诱惑下工作相比，把金钱置之度外去工作更了不起。大家能不能理解我的意思呢？”

一番话说完，大家表示同意我的观点：“可以理解。我们也觉得那些不计报酬、投身志愿服务的人很了不起。”

诸如此类，我对大家的问题逐一耐心解答，一次又一次驳倒大家的质疑。于是，这家公司的会长和社长大半夜登门，对我说：“您今天的话我们完全理解了。您所说的也许是我们之前正在淡忘的事。”

资本主义社会的核心也有伦理观

马克斯·韦伯曾经说过，在资本主义崛起时期，强大的新教伦理观支配着整个社会。产业革命兴起，资本主义在欧洲崛起，那时的经营者都是虔诚的基督教徒。这些人以基督教，尤其是新教极为严格的伦理观为支柱开展经营活动。

总之，在资本主义初期，从事经营工作的是拥有基督教博爱精神和人道主义的经营者。

正因为如此，资本主义获得了长足的发展。然而，随着资本主义发展的深入，这种基督教特有的伦理观逐渐暴露出缺陷，于是近年来颓废的拜金主义日益抬头。

不过，扎根于美国现代经营者内心的依然是基督教的修养，所以对我的说法他们表示理解：“我们知道您的想法非常了不起，只是我们没有把它作为日常的判断标准。我们认为自己的判断标准就是追求利润。可是，您所坚持的伦理观对做人的根本是非常重要的。”于是他们决定和我们在思路上达成共识。

随着资本主义发展的深入，这种基督教特有的伦理观逐渐暴露出缺陷，于是近年来颓废的拜金主义日益抬头。

何为经营者应拥有的哲学

我说服了刚收购的这家保守的美国企业的员工和经营者，让他们认同了我的思想。见此情景，20 年来和我一道在美国经营京瓷国际的同人非常吃惊。他们反省道："我们还不太理解稻盛和夫的思想呢。"于是连他们也开始发生改变。

结果，AVX 在被收购的 6 年间销售额增长了 3~4 倍，利润增长了 6 倍。

虽然其他国家的人在民族、历史背景和语言方面跟我们不同，但也可以和我们拥有同样的企业经营哲学。

我再重复一次，懂得哲学是经营者必不可少的条件。这个哲学的原点就是"正确的做人之道"。"正确的做人之道”这个问题既是哲学问答，同时又可以树立经营者应有的哲学思想。

> 懂得哲学是经营者必不可少的条件。这个哲学的原点就是“正确的做人之道”。

神灵宿于万物之中

前面我多次谈到“正确的做人之道”，那么人的本质究竟是什么呢？佛教，特别是比睿山的天台宗将人与物的本质解释为“山川草木皆悉成佛”，即山也好，河也好，草也好，树也好，一切皆为佛。也就是说，天地间万物都内含佛性。

我们小时候吃饭掉饭粒，爷爷奶奶告诫我们说“神佛藏在饭粒里呢”，或者“浪费东西眼睛会坏掉的”。佛教告诉我们，天地间万物，不仅一切生物，就连非生物都内含佛性。

印度有位名人叫赛巴巴，他自称“神的化身”。他创造了各种各样的奇迹。

我问赛巴巴："你是神的化身，那我是什么呢？"他回答说："你也是神的化身。"我继续追问："那么，我们俩之间有什么区别？"他解释道："我认识到自己是神的化身，而你没有认识到。"赛巴巴的意思是说，每一个人身上都内藏着神灵。

佛教主张每个人身上都内含佛性，而赛巴巴认为每个人身上都内藏着神灵。

追寻人的本质

另外，我还读到过伊斯兰哲学大师井筒俊彦先生关于人的本质的论述。

井筒先生是东洋哲学的大家，同时他为了阐明人的本质还在学习瑜伽。他通过冥想探寻自己的本质究竟是什么。

井筒先生表示，入静冥想时，日常生活中纷繁杂乱的意识状态逐渐趋于一种微妙的意识，之后感觉身体无限接近通透明亮，达到入定的境界。井筒先生这样描述此时的状态："意识非常清晰，但五官的感觉消失了，只留下自己依然存在的感觉。这是一种难以言传的意识状态。"

这就是佛教中所说的解脱、开悟的状态。瑜伽大师描述说，通过冥想使精神入定后，内心充满无限的幸福感，以至泪流不止。这是喜极而泣的眼泪，佛教称之为“三昧境界”。

井筒先生通过冥想多次经历过这种状态，自己依然存在的意识非常清晰，但其他感觉全部消失。在这样的意识状态下，感觉周围的一切都仅能称为“存在”，自己当然也是如此。正如井筒先生所言，一般情况下人们看到花会说“这里有花”，而他却认为可以说“存在开花了”。井筒先生的意思是说，仅能称为“存在”的事物在扮演着花的角色。井筒先生书中写的这些内容很像是禅语问答。

井筒先生的描述打动了京都大学名誉教授、国际日本文化研究中心所长、心理学家河合隼雄先生，河合先生在自己的书中写道：“你这个存在扮演的是花，我这个存在扮演的是河合。”河合先生的意思是说，你这个存在在世界上扮演的是花，而我这个存在扮演的是河合隼雄这个人。

一切事物的存在都有意义

上述内容可以扼要地概括为：天地间万物都是“同根同源、同样的存在”，所以才会出现这样的表达：“你这个存在扮演的是花，我这个存在扮演的是河合隼雄。”

那么，我们同样也可以将仅能称为同样条件下的“存在”转换为各种姿态。借用赛巴巴的说法，神灵化身为每个人的形态而成为现在的样子，而天台宗则表述为神佛化身为每个人的形态。

我们的地球上现在居住着几十亿人，这些人姿态各异，性格和能力也不尽相同。为什么会有这么多能力、相貌和思想各不相同的人来到这个世界上呢？他们是否原本来自同样的神灵？这是否就是仅能称为“存在”之物？我们不由得心生疑问：为什么人们是千姿百态的呢？

此时我首先想到的是：“我究竟是谁？为什么我会成为经营者呢？是我成就了京瓷吗？”

本是源于同一正身，来到世上的结果却迥然不同，相貌有别，才能各异。有人一生成功，有人历经坎坷。究其原因，我们可以简单归结为：能力不同，结果当然迥异。可是为什么会这样呢？神灵为何如此不公平呢？

关于这件事我是这么想的：只有形形色色的人存在，才能构成社会。几十亿同样的“存在”是无法构成社会的。建构这个社会需要各种能力的人。所以，原本是同一个“存在”的神灵，在来到人间时化身为不同的相貌姿态，而且能力千差万别。

可是，这也太不公平了吧？有的孩子一生下来身体就有残疾，有的人终其一生命运多舛。大家也许会说，神灵为什么要对他们进行如此残酷的考验呢？

一生下来身体就有残疾的孩子，他们的父母的确痛苦不堪。但这样的孩子也许肩负使命而来，他们以自己的残疾之身唤醒父母内心深处的爱，让亲朋好友和街坊邻里心怀爱意向他们伸出援助之手。

也许大家觉得没必要让他们生而残疾，可是这样的孩子毕竟也是带着伟大的使命降生到这个世界上的。

人世间存在的一切皆有所用。这些存在是理所应当的，是有必然性的。而且，正因为人世间的事物如此多样，我们的社会才得以构成。

几十亿同样的“存在”是无法构成社会的。建构这个社会需要各种能力的人。所以，原本是同一个“存在”的神灵，在来到人间时化身为不同的相貌姿态，而且能力千差万别。

只是偶尔扮演了一次主角

就我自己而言，我一直认为自己只不过是依据前面谈到的判断标准经营企业，碰巧事业进展顺利而已。那么事实上我是否也有才能呢？从事陶瓷研究也好，经营第二电电（现 KDDI）也好，之所以能够开展史无前例的工作，是不是因为我具有相当卓越的才能呢？

与此同时我也在思考，能做这些事情的人是否非我不可呢？既然社会需要各种各样的人，那么这只不过是造物主偶然将这样的才能赋予稻盛和夫这个人而已，如果让另一个人代替我也毫无问题。

如果把社会比作一个舞台，那么现世这个舞台需要各种各样的人：扮演主角的，扮演配角的，后台人员，负责大小道具的人，为主角化妆的人，缝制演出服的人……正因为有各种各样的人，舞台才得以成立。我只不过是偶尔扮演了一次主角，如果让其他人来扮演，人生的舞台也照样旋转。

当我领悟到这个道理时，后背一阵阵发冷。现代社会的确需要京瓷这家公司，也需要第二电电，但创办和经营这两家公司的却不一定非我莫属。

不可将才能据为己有

人一旦获得成功，就很容易骄傲自满，一心想着“我有才能，我有本事，所以才会成功”，把才能据为己有，继而就开始想：我是这家公司的社长，拿一两亿日元工资是理所应当的。

可是，事情并非如此。造物主赋予我才能，其用意是：赋予你的才能可以让社会顺利发展，所以请把你的才能用于社会和世人。如果我们误解了造物主的用意，将才能据为己有，只顾一己享用，那些碰巧没有被赋予才能的人就太悲惨了。

有才能的人，没有才能的人，身体有残疾的人，形形色色的人降生到这个世界上，他们为社会、为世人竭尽全力，社会由此变得更加美好。而无论自己的才能有多么了不起，如果将自己的才能全部随心所欲地用于一己，社会将难逃厄运。因此，我们不可将才能据为己有。

很多人都是因为具有经营才能，才成为经营者的。正因为如此，我们才应该把自己的才能用在员工身上，用在支持公司发展的客户身上。除此之外，如果还有用之不尽的才能，就请为当地社区做出贡献吧。神灵正是为此而赋予经营者超凡才能的。

我意识到这一点时，正处在公司业绩斐然而自己动辄妄自尊大的时期。这让我吃惊非小。于是我振作精神告诫自己：此事非同小可，我绝不能将才能据为己有。

以利他之心经营企业

带着这种想法放眼社会，我们可以看到政界和商界各种丑闻层出不穷，很多远比我优秀、工作远比我出色的人走向没落。实际上，一切后果都是那些才能出众的人将自身的能力据为己有导致的。

因此，我希望企业领导者一定要拥有能称为“哲学”的高水平的判断标准。

如果独自苦思冥想难以奏效，那么可以读一读哲学经典著作，也可以阅读成功人士撰写的书籍，里面介绍得也很清楚。起初可以借用书中的经典哲学，借用之后，自己再努力去领会。要早晚阅读，真正做到消化吸收。

用这种方式掌握了绝佳的判断标准或哲学，与此同时如果作为领导者你还拥有卓越的才能，请一定将自己的才能为员工所用，为客户、为社会所用。这样一来，你的公司定会获得远远超出你想象的辉煌业绩。

利己，谋求的是一己私利；利他，是为他人着想。以善解人意之心进行经营，企业就会真正走向辉煌。也许大家会说："依靠这种近乎博爱主义的天真想法能经营企业吗？"然而毫无疑问，经营的秘诀正在于利他。

我们为员工着想，员工就会更加精力充沛、干劲十足地投入工作，于是企业才会发展壮大。我们为客户着想，客户就会支持企业的发展，于是企业才会走向辉煌。

当然，经营方面的核算必不可少。如果核算错误，比如卖出的商品低于采购价以讨得客户欢心，那么无论怎样利他，经营也是无法维持下去的。因此，我们应该在获取正当利益的前提下进行经营，在此基础之上，需要考虑的不仅是如何追求利润，还要让思路向利他的方向拓展，我认为这是至关重要的。

人一旦获得成功，就很容易骄傲自满，一心想着“我有才能，我有本事，所以才会成功”，把才能据为己有，继而就开始想：我是这家公司的社长，拿一两亿日元工资是理所应当的。

可是，事情并非如此。造物主赋予我才能，其用意是：赋予你的才能可以让社会顺利发展，所以请把你的才能用于社会和世人。

宇宙大爆炸和宇宙的进化

为什么拥有一颗善解人意之心，企业就会发展壮大呢？我认为这是因为宇宙的结构就是如此。如果有人要我举出例证，我还真办不到，因为这不是能够证明的，但我对此却深信不疑。尽管如此，考虑到很多人难以理解，我还是说明如下。

现代物理学认为，我们的宇宙起源于一次基本粒子引起的大爆炸，这就是“宇宙大爆炸理论”。在基本粒子的大爆炸之中诞生的宇宙目前还在继续膨胀，这种理论被称为“膨胀理论”。这是全球物理学家的观点，已成为物理学界的定论。

宇宙中最初只有基本粒子存在，从宇宙大爆炸的瞬间开始一刻也不停地进化至今。

一切皆幸福是宇宙的法则

非生物也在进化。如果不进化，宇宙至今依然是基本粒子的状态，当然，我们也不会存在。

如果只考虑生物的话，我们只谈生物进化论就可以了，可重要的是，作为非生物的原子也在进化。宇宙一刻不停地进步发展，这就是宇宙的法则。

宇宙中流动着这样的意识和意志，也就是说，宇宙正朝着使天地间万物幸福的方向、进步发展的方向运转。宇宙发展的方向绝不是企业破产或人生坎坷。

宇宙自形成之初，就连非生物都在顺利进化，一切有生命的物质更是如此。因此，最初的一撮基本粒子才会创造出今天这个伟大的宇宙。

怀有利他之心定会成功

如果说宇宙中流动着这样一种“气”，可能有人会说：“我不相信什么‘气’。”如果大家不相信“气”的存在，可以回忆一下现代物理学的内容，知道宇宙中存在着使一切事物发展进化的法则就可以了。

这一法则在基督教中用“爱”这个词来表达：“宇宙中充满爱。”佛祖释迦牟尼则将其表达为“慈悲”。“宇宙中充满慈悲之心”，一切事物才会顺利发展。总之，无论人们身处怎样的逆境，宇宙都一视同仁地让他们朝着好的方向发展。

那么，发展得不顺利是因为什么呢？这是因为他们有利己之心，只顾自己，不管他人。宇宙不允许我们只顾自己，宇宙希望所有一切都顺利发展，也就是“利他”。我们置身于宇宙之中，只想着“挤掉别人，自己飞黄腾达”，在这种违背宇宙意志的精神作用下，失败也就不言而喻了。这是咎由自取。

所以，基督也好，佛祖释迦牟尼也好，都提倡爱的精神，提倡以利他之心生活。我想，基督和佛祖释迦牟尼都是通晓宇宙法则的。

从最先进的物理学的角度考虑，宇宙结构就是为了给大家带来幸福的。如果你得不到幸福，那就是你内心的问题了。经营企业也是同样的道理。以一颗美好的心灵为大家拼命努力，定会获得成功。当然，努力是必不可少的。不是说心灵美好就能成功，躺在床上是不会成功的。所谓企业经营，必须付出不亚于任何人的努力，以不辞劳苦的努力投身工作，企业才能顺利发展。

可是有人却提出：我已经付出不亚于任何人的努力了，可薪水和别人一样我是不干的。这种想法是错误的。作为企业领导者，你夜以继日地拼命工作，是为了员工，为了客户。将这一切视作理所当然，并为此心甘情愿地工作，企业才能顺利发展。

遵循宇宙的法则，一切将会顺理成章地顺利发展，宇宙的结构便是如此。为了发挥宇宙法则的作用，利他之心必不可少。这一点请大家时刻铭记。

如果你得不到幸福，那就是你内心的问题了。经营企业也是同样的道理。以一颗美好的心灵为大家拼命努力，定会获得成功。

第3讲

向安冈正笃先生学到的经营秘籍

自然向他低下头去

从走上社会至今，我受到许多人方方面面的影响。其中对我影响最大的，当属安冈正笃先生。

我之所以能有今天，正是因为受到了安冈先生的熏陶，所以我对他非常感激。

安冈先生的书我读过不少。据说他对人类学研究得非常透彻，极富人格魅力，具有伟大的人性和高尚的品德，胸襟开阔。那么，这位声名卓著的安冈先生究竟是怎样一个人呢？我一直盼望着能有机会亲临雅教，可遗憾的是未能如愿。

京都有一家名为“MOONBAT”的公司，社长河野卓男先生年长我一轮多，我们的关系非常亲密。我向他提出有机会想拜访一下安冈先生，河野先生表示他也有此意。没过多久，河野先生加入了关西师友协会，他欣喜地告诉我："我终于有机会和安冈先生见面了！"

我想象中的安冈先生是一位散发着人格魅力的人，我期待着倾听河野先生的感想。

过了没多久，我就急切地向河野先生询问安冈先生是怎样一个人。他回答说："我来到安冈先生面前，就自然而然地低下头去，无法再抬起头。"

河野先生号称京都头号论客，他却说安冈先生是一个让自己自然而然低下头去的人。我越发想知道安冈先生到底是怎样一个人，越来越渴望能和他见上一面。河野先生也表示愿意带我去拜见安冈先生，我一直盼望着这一天的到来，可是尚未如愿，安冈先生就与世长辞了。

命运是可以改变的——《阴骘录》的启示

我与安冈先生未曾有过一面之缘，对先生妄加谈论实在是自不量力。不过我始终认为，自己之所以能有今天，正是得益于安冈正笃先生的教诲。那么我在以往的工作中是以怎样的思路去实践安冈先生教诲的呢？

我出生于鹿儿岛，大学毕业之前一直生活在鹿儿岛。23 岁那年来到京都，在公司工作了 4 年，从事陶瓷研究工作。27 岁那年，我在志同道合者的支持下创办了京瓷公司，开始独立经营。

我在农村长大，并非毕业于名牌大学。我所经营的京瓷公司目前按照合并销售额计算，规模已达 7 000 亿日元。1984 年创办的第二电电至今已迎来第 13 个年头，销售额高达 1 万亿日元。

这完全是由于我在走上社会后的 40 多年间，忠实地遵循安冈先生的教诲不懈努力的结果。

我在多年的经营中反复思考这样的问题：人生是什么？人是什么？在安冈先生的书中，答案写得简单明了。

人的命运是与生俱来的，这是天命，而不是宿命。安冈先生明确地告诉我们，人可以通过思想和行动来改变命运。我年轻时读《命运和立命》（后改名为《读〈阴骘录〉》）一书，被这种说法深深地打动。

《阴骘录》的作者是中国的袁了凡，他生活的时代相当于日本的丰臣秀吉时代，离现代并不遥远。

《阴骘录》讲述了这样一个故事。袁了凡年幼时，一位神仙般的老人从他家门前经过。那位老人看到少年袁了凡后开口道："我在南国学习易经，受上天之命到此寻访你。"

南国指的是今天的云南省。那位老人在南国接受了向少年袁了凡传授易经的天命后远道而来。老人提出想住宿一夜。

了凡的父亲已经过世，母子二人相依为命。他禀告过母亲后，把老人让进屋内。夜晚，了凡招待老人时，老人审视着这位少年的面孔对他的母亲说："您是打算将来让这个孩子当医生吧？可是他是不会学医的，他走的是仕途。科举考试分为几个阶段，他会在哪一年参加哪一级考试，在多少人中排名第几，在下一阶段的考试中排名第几，最后出任地方长官。后来他结了婚，但遗憾的是没有孩子，53 岁那年寿终。"

人不应遵照天命生活

少年了凡并不相信老人的话，他只是无意中听到，并没往心里去。

后来他长大了，开始为走上仕途而发愤读书。参加科举考试的结果与老人预测的完全一样，就连在多少人中考取第几名都丝毫不差。虽然了凡感到非常不可思议，但他还是走上了命运安排的道路。

正如老人所言，了凡顺利地走上了仕途，被任命为某地的官员，前往赴任。那个县里有一家禅寺，寺里有一位著名的法师。了凡去那家禅寺参禅，整整三天三夜，了凡和法师一起坐禅。

看到这位年轻的官员心境清澈纯粹、毫无杂念、凝神坐禅的样子，法师暗自佩服这个男子，不由得问道：“你尚且年轻，就心无杂念与妄想。你是在何处修行至此，并成为如此人物的？”

于是了凡就向法师讲述了年幼时遇到那位老人的故事，他说：“回顾以往，我的人生与老人所言分毫不差。我的命运已由上天决定。比老人说的更好的事情恐怕不会发生，比老人说的更糟糕的事情我想也不会发生。我还有什么可烦恼的呢？”

听罢此言，法师大怒：“我以为你年纪虽轻却已开悟，心境清澈纯粹，是个了不起的人，没想到你居然相信如此荒唐的说法。我以为你是个贤人，原来你竟是个愚蠢透顶之人！”

法师告诫他：“人的命运的确是与生俱来的，这叫作‘天命’。可是，谁会遵照天命生活呢？”那么，该怎样改变自己的命运呢？法师认为，要想改变命运，就要行善。

了凡为人正直，他意识到自己以前的生活方式是多么错误。回到家，他把法师的话告诉了夫人。

夫人也是个非常正直的人，在此后的人生中，她和了凡一同积德行善，认为想好事、做好事是正确的，想坏事、做坏事是错误的。

人的命运的确是与生俱来的，这叫作“天命”。可是，谁会遵照天命生活呢？那么，该怎样改变自己的命运呢？要想改变命运，就要行善。

一帆风顺时不可骄傲自大

后来，了凡对自己的儿子说："在你出生前，法师曾对父亲说过这样一番话，改变了我对人生的看法。那以后我就和你母亲一起想好事、做好事。我年幼时曾经遇到过一位老人，他说我没有孩子，53 岁就会寿终，可是你来到了这个世界上，我今年也已经 69 岁了。"

接下来，了凡边回忆自己的前半生，边教导自己的儿子说："依靠人的力量无法改变祸福，这种天命的说法是世俗的观点。我明白了一个道理，这也是圣贤之人告诉我们的真理——祸福皆为自己所求。"

据安冈先生的《读〈阴骘录〉》记载，了凡进一步告诫自己的儿子：

我不知道你的命运是怎样的。如果有一天你功成名就，一定不要忘记自己过去不得志、落魄时的心情，绝不可目空一切。

即使眼下丰衣足食，也不要忘记贫困时的境况。

即使现在夫妻互敬互爱，也不要恃宠作态，切记时常反省，谨言慎行。

即使家族世代德高望重，也不要忘记身份卑微不被别人放在心上的时候。

即使现在学问高深，也不要忘记学识浅薄、顽固守旧时的情景。

在《读〈阴骘录〉》的最后，安冈先生告诫我们，在自己的命运好转、开始一帆风顺时，绝不可骄傲自大。

通过“为社会、为世人竭尽全力”改变命运

阐述宇宙的真理实在是太难了。可是，把困难的事理解得困难，度过困难的人生，恐怕没有比这更困难的了吧。我认为，应该把困难的事理解得简单，从中发现真理，捍卫真理，只有这样才能成就我们的人生。

我是个学化学出身的技术员，一直专心从事陶瓷研究工作，并没有读过大量哲学和文学方面的书。可是读了安冈先生的著作之后，我明白了这样一个道理：即使不知道自己背负着怎样的命运降生到这个世界上，也可以通过行善，使命运朝着好的方向发展。

安冈先生借《阴骘录》告诉我们，命运会随着人的行为发生改变，而且祸与福都是自己的意愿或追求的结果。

似乎越是知识分子，越嘲笑“郑重其事地宣称为社会、为世人竭尽全力”这种说法。可是，没有什么事情比为社会、为世人竭尽全力更了不起的了。

我们来到这个世界上，每一个人的人生目的都是为社会、为世人竭尽全力。佛教中说“一灯照隅”，任何人都是带着特定的伟大使命来到这个世界上的。通过履行自己的使命为社会、为世人竭尽全力，这是非常重要的。

通过为社会、为世人竭尽全力，我们可以改变自己的命运。摒弃只顾自己不考虑他人的利己之心，形成为他人的幸福而祈祷的利他之心，我们自己的人生会变得更加丰富多彩，也会受到幸运之神的眷顾。佛教就是这样劝诫我们的。

日本天台宗座主山田惠谛长老在世时，我曾经多次有机会前去拜访并和他交谈。有一次，他教我“忘己利他”，在日文中，这个读音和“引以为戒”读音相同。我的理解是，对只顾自己不考虑他人的想法，我们要引以为戒。安冈先生也告诫我们，忘己利他是使人生丰富多彩的根本所在。

佛教中说“一灯照隅”，任何人都是带着特定的伟大使命来到这个世界上的。通过履行自己的使命为社会、为世人竭尽全力，这是非常重要的。

通过为社会、为世人竭尽全力，我们可以改变自己的命运。摒弃只顾自己不考虑他人的利己之心，形成为他人的幸福而祈祷的利他之心，我们自己的人生会变得丰富多彩，也会受到幸运之神的眷顾。佛教就是这样劝诫我们的。

意愿驱使我向 NTT 发起挑战

然而，有些企业经营者并不理解这种说法，他们认为经营企业就是要追求利润，说："用摒弃利己之心贯彻利他之心、要去爱别人之类冠冕堂皇的话，能经营企业吗？"

我相信通过善行可以使企业获得发展，我自己也始终是这样实践的。其中的一个实例就是我在 1984 年创办的第二电电这家公司。

虽说京瓷公司获得了一定的发展，可是我为什么要介入电信事业呢？而且一个关西的企业家，更准确地说是京都的企业家介入全日本范围的事业，是不是有些狂妄自大呢？当时的很多报刊正是这么宣传的。

我本来也没打算经营长途电话公司，只是因为京瓷的事业发展到了海外，所以切身感受到日本的通信费之高。我觉得有必要设法引进竞争机制，以低廉的价格向国民提供电话服务。

可是，大型企业 NTT 自明治以来始终垄断着通信行业，销售额高达数万亿日元，能创办一家企业与之相抗衡吗？如果能创办这样的企业，也应该是以经济团体联合会为中心的日本大企业创建的联合体。我盼望着民间早日成立这样的联合体与 NTT 竞争，从而降低国民的通信费。可是，与规模庞大的 NTT 抗衡是存在风险的，因此没有哪家企业宣布介入这项事业。

后来我逐渐认识到，即使日本的大企业创建联合体与 NTT 相抗衡，恐怕也无法实现真正意义上的竞争。在普通国民看来似乎是在竞争，但事实上不过是利权均摊而已，最后的结果只能是略微降低些话费敷衍了事。

展望 21 世纪，电信行业已迎来自由竞争的新时代，我们这些年轻的经营者应该满怀热情地迎接挑战。想到这一点，我便无暇顾及自己的立场和公司的实力，迫不及待地渴望向 NTT 发起挑战。

我很清楚，这场挑战有些鲁莽。可是思来想去，要是不把远远高于其他各国的通话费降下来，实在是对不起日本广大民众，这种想法在我脑海里越发强烈起来。

我把 NTT 出身的年轻技术员以及和我关系亲密的人召集到一处，讨论该如何与 NTT 抗衡，仔细推敲我们的计划。这作为一项事业总算是有实现的眉目了，可是实际干起来我却经历了一番烦恼。

反复自问自答，是否“动机至善，私心了无”

现在我还经常回忆起当时的情景。烦恼至极，我回到家，每天晚上睡前都会问自己：“我准备新创办一家公司，向 NTT 发起挑战。我这样做到底对不对呢？”

我把自己的想法表达为“动机至善，私心了无”，每晚念诵。我自己宣称，之所以希望新成立一家通信公司与 NTT 相抗衡，是因为想降低国民的通话费。我的确是这么想的。可是，这是不是漂亮的托词呢？我是不是想出风头呢——在京都成立一家名为京瓷的公司，取得了成功，稍微有了些名气，再到东京这个舞台上大显身手，为的是博得众人的赞赏，四处吹嘘？自己想做这件事是真正出于为他人考虑，还是出于自私自利的想法？

我反复叨念着“动机至善，私心了无”这句话，不停地考问自己。

半年时间里，我一日不停地反复自问自答，最终得出结论：我的想法绝非源于自私自利。我终于弄明白，自己的想法没有丝毫虚假，为了国民，为了社会和世人，即使付出代价，我也坚决要干。

于是我在董事会上表达了自己的心情：“大企业承担的风险较大，所以很难跻身通信事业，因此我想介入这项事业。”

当时，京瓷的现金及银行存款共计 1 500 亿日元，我表示：“如果投入 1 000 亿日元，事业还不能顺利进展的话，我就撤退。我已经做好了白白扔掉这 1 000 亿日元的准备。所以请让我干吧。”就这样，我投身到通信事业中。

我反复叨念着“动机至善，私心了无”这句话，不停地考问自己。

半年时间里，我一日不停地反复自问自答，最终得出结论：我的想法绝非源于自私自利。我终于弄明白，自己的想法没有丝毫虚假，为了国民，为了社会和世人，即使付出代价，我也坚决要干。

第二电电冲破阻碍获得成功

我一宣布成立第二电电，日本国铁（现在的JR）就立即宣布参与其中。为了保证列车准点运行，日本国铁是有自己的通信团队的。他们有现成的技术，只要在东京、名古屋和大阪之间的新干线沿线铺设光缆，这项事业立即就可以启动。

在此之前，我和技术人员讨论了各种方案：沿新干线铺设光缆；沿着高速公路铺设光缆；或者以环绕日本列岛的形式，在太平洋和日本海铺设海底电缆。

因为日本国铁也宣布参与竞争，我马上前去拜访了国铁的总裁，向他提出请求："光缆铺设一条和铺设两条应该是一样的，请把我们的光缆也铺设好吧。这是国家设施，为公平起见，能不能帮我们把光缆铺设好？”

当时的国铁总裁冷漠地拒绝了我的请求：“通信事业是国铁的工作，我们不能为你的公司提供空间。”

接下来，日本道路公团和丰田汽车也宣布参与到竞争中来，他们表示只要在高速公路的侧沟里埋设光缆，就可以轻而易举地启动通信事业。

见此情景，各大报纸纷纷刊登媒体观察报道，认为这下决出胜负了，最早宣布参与竞争的第二电电要彻底失败了。国铁方面有新干线，日本道路公团有高速公路，都可以轻而易举地投入通信事业。可是第二电电任何设备都没有。这样一来，第二电电将首先破产。

为了确保通信线路，我们第二电电所能采用的唯一方法是：在山顶架设抛物面微波天线，通过微波这种无线电波的形式传输信号。

然而，日本列岛上空的电波错综复杂，如果受到干扰，就无法发挥通信作用了。我们的无线电波必须避开其他电波经过的地方。

为此，我们必须弄清哪里有什么样的无线电波经过。

可是有些地区经过的无线电波是防卫厅使用的，涉及国家机密，所以仅凭我们的力量难以全部摸清。

该如何是好呢？正当我为难之际，也许是对我们的窘境不忍坐视吧，当时的NTT总裁真藤恒先生启发我说："NTT以前也勘察过新的无线线路，已经有了大致的目标。不过，我们已经在地上铺设了光缆，实现了大范围通信，所以就没有采用无线通信。我可以告诉你那条线路。"

我立即向NTT的技术人员问明了那条线路，这才架设起抛物面微波天线。其他两家竞争公司只要在现有设备上铺设光缆就可以开展事业了，而我们却要在一座座山顶上建造铁塔，再架设微波天线。夏季我们在炎热的山里任凭花脚蚊叮咬，冬季在肆虐的寒风中作业。

和两家竞争公司相比，我们面临着巨大的阻碍。不过，在年轻员工们的拼命努力下，我们终于和两家竞争公司同时开始营业。

此后，包括手机等移动电话事业在内，第二电电在创业13年后销售额达到1万亿日元，在三家长途电话公司中销售额最高，利润最多。

满招损，谦受益

大家普遍认为第二电电肯定首先破产，可是经过“动机至善，私心了无”的反复追问，结果企业在 13 年间取得了辉煌的业绩。

通过这段亲身经历，我明白了安冈先生借用中国的古典名著对我们的教导绝非无稽之谈。现代人，尤其是知识分子，不相信自己的命运是与生俱来的，更不相信命运会随着自己的行为和想法发生改变。可是，命运会随着自己的行为和想法发生改变，这俨然是事实。

安冈先生在谈到《阴骘录》时也阐述过这方面的内容。

《阴骘录》中记载，了凡对自己的儿子说，一帆风顺时也绝不可趾高气扬。他还说："惟谦受福。"了凡又进一步告诫自己的儿子："满招损，谦受益。"

谦虚是非常重要的。

在经济界，有人拥有超凡的能力、了不起的工作、令人羡慕的地位，可最终却走向没落。正因为他们在众人眼里是出色的领导者，所以才更让人惋惜不已。这是因为他们欠缺了"德"，因而也就丧失了对于出色工作的正确评价标准，最终坠入无底深渊。

安冈先生用《阴骘录》中的"惟谦受福"这句话告诫世上的领导者，骄傲自满是多么不可取。

不可轻视做人之道

如果他们早些知道通过积德行善可以改变人生，知道“惟谦受福”的道理，现在应该正在努力为社会、为世人竭尽全力工作，而不会落得如此下场。

对于安冈先生提倡的做人之道和人类学的道理，我们过于轻视了。

我所学的专业是化学。化学也好，物理学也好，生物学也好，各专业领域的学问都获得了飞速发展，孕育了辉煌灿烂的文明。可是，我们却忘记了“何为人生”“何为人”这些追本溯源的问题。

安冈先生如果还健在的话，看到当今日本社会的面貌，他会发出怎样的警告呢？这样下去，是否会人心不古、世风日下呢？对此我心怀畏惧。

第4讲

人生的目的——人为什么活着

每个人的命运都是与生俱来的

如今经济不景气，如果我们问一句："你的公司怎么样？"有人回答"情况非常糟糕"，有人回答"马马虎虎吧"，也有人回答"托您的福，公司发展得非常顺利"。同样是在不景气的情况下，每个人的回答却千差万别，截然不同。

这是因为我们的"命运"是与生俱来的。我们每个人将怎样度过自己的一生，是命中注定的。而且，提前注定的并不仅仅是命运，我们的宇宙、地球、国家乃至地区，都背负着自己的命运。个人的命运就漂浮在这些大命运的波浪之中。

在地球这个大命运的波浪之中，承载着国家的命运以及地区的命运。个人的命运之船漂浮在大命运的巨浪之上。因此，个人的命运是随着大波大浪起伏变化的，时而迅速上升，时而一落千丈。个人如果位于命运巨浪的底部，或者是逆流而动，就不会有什么改观。

正因为如此，同样是在经济不景气的情况下，每个人得到的结果却不尽相同。

否定命运毫无益处

首先我们必须承认，人的命运是与生俱来的。人一生的命运是有定数的，希望大家理性地肯定这一点。

在现代的教育场所，大家对命运付之一笑，并不会严肃谈论。现代教育告诉我们：哪里有什么命运！ 有的人生病了，有的人出交通事故了，有的公司破产了，有的公司业绩大幅增长，这一切都纯属偶然。人生是由无数的偶然叠加起来构成的，命运的存在完全是无稽之谈。现代科学也不能证明命运的存在，不要受这种迷信说法的蛊惑。

然而，在有史以来的漫长历史时期内，命运并非让人类付之一笑那么简单。自己的人生为何成为今天这样？为何接连遭遇痛苦？为何好事频繁而至？不少人对此感到不可思议。如果存在命运，自己的未来会是怎样的呢？很多人为此苦思焦虑，坚持不懈地研究。

结果是东方出现了占卜算卦的易学。这方面的学问中国研究了几千年，已经形成庞大的体系。而西方的占星术也成为一门积累深厚的学问。这反映了人类执着的愿望：渴望了解人的命运究竟是否与生俱来，如果答案是肯定的，则希望预知自己的命运。

一直以来，人类都把自己的命运当作重大的问题来对待。现代科学确实无法证明命运的存在，可是我认为，我们应当理性地肯定命运的存在。否定命运毫无益处。而且如果对命运的存在持肯定态度，我们对人生的理解就会变得容易得多，同时还可以领会到正确度过人生的技巧。

我在大学读的是理工科。我非常喜欢物理学、化学和数学，不理解那些不符合逻辑的东西。如果不是这样的话，恐怕我也很难将京瓷经营成这样一家公司。我想，我是最相信合理的事物，最相信科学的。

可是我却认为，否定命运毫无益处，不仅没有益处，我甚至认为反倒有害。我认为我们应该从理性的角度肯定命运的存在。

结果的显现需要时间

构成人生的首要因素是命运。命运作为贯穿人生的纵轴而存在，人生就是沿着命运这个纵轴向前发展的。

同时，人生还存在另一个因素，那就是相对于命运这个纵轴而形成的横轴，也就是“因果报应的法则”。因果报应的法则指的是行善会产生好的结果，作恶会招致恶果，也就是善因生善果、恶因生恶果。

善因和恶因的“因”指的是自己活在世上的所思所行。自己所思所行构成“因”，亦即原因。也许有人会心生疑问：仅所思所行就能成为原因吗？我们很容易考虑得过于简单，认为不过就是想想而已。可是，心有所想并不是一件简单的事。憎恶、痛恨之类的想法，只是心有所想也会构成原因。

之后，原因必定会产生“结果”。原因不会一成不变。释迦牟尼把这种现象称为“因缘生果”。所思和所行，即思考和行为构成“业”。“业”就是我前面所说的原因。因此，如果我们想好事、做好事，就会产生善果；想坏事、做坏事，就会产生恶果。这就是因果报应的法则。

然而，因果报应的法则看似不一定会顺理成章地出现。环顾周遭，做好事的人受到病痛的折磨，做坏事的人幸福地生活，这样的事例数不胜数。在这种情况下，再怎么用因果报应的法则劝说大家，我等凡人也很难相信。我们还是会认为，世间并不遵循因果报应的法则。

因果报应的法则有时要经历很长一段时间才会显现出结果。相对于原因，也有结果立即显现的情况，但多数情况下，结果却迟迟也不显现。

然而，从二三十年的时间跨度来看，因果报应的结果是一定会显现出来的。我生于 1932 年，走过了漫长的人生道路。活到我这样的年纪，多少能够以较长的时间跨度来回顾自己的人生了。做坏事的人大概没有幸福美满的，做好事的人也没有始终不走运的。以较长的时间跨度审视人生，大致是合乎因果报应法则的。

> 因果报应的法则有时要经历很长一段时间才会显现出结果。相对于原因，也有结果立即显现的情况，但多数情况下，结果却迟迟也不显现。
>
> 做坏事的人大概没有幸福美满的，做好事的人也没有始终不走运的。以较长的时间跨度审视人生，大致是合乎因果报应法则的。

《Silver Birch 的灵训》的启示

可是有些情况看似并不符合因果报应的法则，我以前也为此感到困惑，这时我读到了《Silver Birch 的灵训》这本书。

从前，伦敦的一位开业医生每到周末就会邀请十几名友人到自己家举行降灵会，这位医生自己就是可以使灵魂附身的灵媒。在降灵会上，总是有一个自称“Silver Birch”的美国印第安人的灵魂现身。《Silver Birch 的灵训》这本书收录的就是这个灵魂所说的话。

在英国的首都伦敦，一位有知识有文化的医生以灵媒的身份举办降灵会，我被这个事情所吸引，于是购买了这本书，书中有几行文字论述了因果报应法则。

Silver Birch的灵魂说："可能有人对因果报应持怀疑态度。可是，从我所置身之处审视大家生活的现世就可以看到，结果分毫不差地来自原因。"

他的话真是惊人。从Silver Birch所在的灵魂的世界来看，原来因果报应的法则是分毫不差的。到了我这样的年纪，虽说不能用Silver Birch的灵魂的时间跨度来洞悉人生，却也能够理解他的话了。

因果报应法则可改变命运

我们之所以不能清晰地看到因果报应法则的结果，除了结果的显现需要时间，还有一个原因是命运的多重作用。正如前面所说，地球这个大命运跌宕起伏，继而是国家、地区的命运，个人的命运在其中漂流。如果把命运看作纵轴，那么横轴就是因果报应的法则。这两个因素决定着我们每个人的一生。

不过，在这两个因素中，因果报应法则的力量要略微强大些。正是因为因果报应的法则略微强大，所以已有定数的命运有时会发生改变。因此，人生并不一定按照与生俱来的命运发展下去。

即使遭遇厄运，也会由于想好事、做好事而使因果报应法则发挥作用，于是本应出现的人生低谷变得平缓。反之，按照命运的安排，前面的道路原本一帆风顺，可是由于想坏事、做坏事，本应如日中天的人生却急转直下。

正是因为因果报应的法则略微强大，所以已有定数的命运有时会发生改变。因此，人生并不一定按照与生俱来的命运发展下去。

命运和因果报应——人生的两大法则

人生仅由两大法则构成——命运和因果报应法则。除此之外，再没有其他法则可言。人生是由这两大法则构成的，那么我们该如何对待人生中遇到的境况呢？

我们在日常生活中会遇到各种各样的境况，人生时而艰辛，时而幸福。我们每天遇到的这些境况，是由与生俱来的命运和因果报应法则交织构成的。

如果我们学习佛教，一开始就会受到“诸行无常”的教导。“诸行”就是所有事物的意思。所谓“诸行无常”，指的是任何事物都是不稳定的。今天身体健康，明天也许就会病倒。今天经营顺利，明天公司也许就会衰败。我们眼前的现状，并不总是一成不变的。释迦牟尼正是这样教导我们的。

人生并不稳定，而是波澜起伏。因此佛祖教导我们说，人生是一种苦行。

为了普度众生，释迦牟尼选择了出家之路，终日修行。不过，对我们每一个人而言，思考平日里该如何对待由命运和因果报应法则而形成的境况，也是我们有生之年至关重要的一件事。

答案其实非常清楚。一句话，无论遇到怎样的境况，好也罢，坏也罢，我们都要感谢眼前的一切。

这是很难做到的。比如遭遇灾难，让遭遇灾难的人对灾难表示感谢，说起来容易，做起来实在是难上加难。除非经历过相当程度的修行，否则很难做到。

将感激注入理性之中

不过，无论是否经历过修行，我们首先都要把“必须感激”的念头注入理性之中。如果因为这是一件极其困难的事而就此放弃，我们就永远不会心怀感激，而只能停留在表达怨恨和痛苦的阶段，每逢遭遇苦难或灾难就抱怨：“为什么让我这么倒霉呢？”我们必须理性——迫使自己停止抱怨，以感激之情去对待我们遇到的境况。

无论是谁，都是有好事时自然心生感激。可是，我们应该在理性中注入这样的想法，那就是对任何事情都心怀感激之情。人都是这样，有好事发生，就认为是理所应当的，甚至还会想：还有没有更好的事情发生呢？如果是这样的话，那么遭遇灾难时，我们就无法心生感激之情。

遭遇灾难或苦难时，不要叹息，不要消沉，不要怨恨，不要抱怨，应该积极乐观、坚持不懈地努力。眼下遭遇苦难正是为了将来有好事出现，所以我们要忍受苦难，感谢上天赐予我们的苦难。有好事出现时，不要骄傲，不要妄自尊大，切记要谦虚，还要心怀感激地想：我可以得到这么好的机会吗？这么好的机会给我是否太可惜了呢？

这是度过精彩人生的绝对条件。

我再强调一遍，对任何事情都心怀感激是极其困难的。只有经过相当程度的修行，像释迦牟尼那样开悟的人才能做到。如果是这样的话，我们凡人就不可能度过精彩的人生了。

因此，我们要用理性来对待一切。遇到好事也罢，坏事也罢，我们要将感激之情注入理性之中并发挥理性的作用。这样做是绝对有必要的。

遭遇灾难或苦难时，不要叹息，不要消沉，不要怨恨，不要抱怨，应该积极乐观、坚持不懈地努力。眼下遭遇苦难正是为了将来有好事出现，所以我们要忍受苦难，感谢上天赐予我们苦难。有好事出现时，不要骄傲，不要妄自尊大，切记要谦虚，还要心怀感激地想：我可以得到这么好的机会吗？这么好的机会给我是否太可惜了呢？

这是度过精彩人生的绝对条件。

松下幸之助成功的基石

松下幸之助先生由于家道中落，小学中途辍学，被迫离家去当学徒。他在逆境中历尽艰辛。可是，他没有一味地哀叹自己的命运不济，而是积极主动地为东家做事，为了尽可能地赢得东家和顾客的欢心，乐观坚强地努力工作。正是这种精神成就了后来的松下电器。

而遭逢同样境遇的少年还有很多。因为涉世未深，所以更容易心生偏颇，陷入怨恨和痛苦之中。而在偏颇、怨恨和痛苦中度过少年时代的人，是很难有什么大成就的。

身处逆境，是坦然接受，把它当作对自己今后发展的考验，认为这是一种幸运而心怀感激，还是被灾难击垮，陷入怨恨和痛苦的深渊呢？如何对待眼前的境况，决定了今后的命运。我们必须铭记这一点。

人生的目的是什么

我们降生到这个世界上，在命运和因果报应这两大法则的作用下度过波澜壮阔的一生，那么我们应该以怎样的目的度过一生呢？人生的目的究竟是什么呢？

我先来告诉大家结论。人生的目的就是“提升心性”，也就是净化心灵，健全人格。在波澜壮阔的一生中，我们在遭遇和应对各种境况的过程中不断提升心性，磨炼自己的人格，这才是人生的目的。

换一种更具体的说法，人生的目的就是为社会、为世人竭尽全力。首先要做人，要提升心性，否则就很难为社会、为世人竭尽全力。

一路走到今天，我对人生是这样思考的。首先，走上社会之前需要 20 年左右的时间做准备。其次，走上社会后为社会、为世人拼命工作 40 年左右。接下来，我把死亡看作灵魂开启的一段新的旅程，花 20 年左右的时间准备迎接死亡的到来。总之，我是心中有数地活到今天的：以 80 年的时间来计算自己的人生，然后再分最初 20 年、中间 40 年和最后 20 年来考虑。

活到 60 岁那年，我心想，今后的 20 年我必须为迎接灵魂之旅的到来而做好准备了，结果却不知不觉中只顾终日忙碌，迟迟未能付诸实践。到了 65 岁这一年，我意识到不能再等下去了，于是开始行动，皈依佛门。

灵魂比降生时更加纯净

走上社会后，我一直拼命工作，创建了京瓷、成立了第二电电，此外还做了各种工作。年轻时拼命工作是为了把京瓷建成享誉全球的企业，年长些之后为的是把第二电电建成享誉全球的企业，眼下这些目的总算是达到了。与此同时，我的知名度也大大提高，作为实业家赢得了社会的高度评价，被全球多所大学授予名誉博士学位。

可是，当想到死亡即将来临时，我开始重新思考一个问题：这一切果真是我的人生目的吗？我所做的这一切并没有什么了不起的。我逐渐领悟到，在自己的有生之年，为社会、为身边的人做好事，才是自己人生的最高追求。

那么，为社会、为世人做贡献需要什么条件呢？美好的心灵必不可少。我们必须拥有为社会、为世人竭尽全力的美好心灵。这才是我们降生到人世间的追求，是我们人生的目的。我的结论就是如此。

我认为，死亡可以使肉体灭亡，而灵魂却是不灭的。人生的经历千姿百态，有痛苦，也有快乐。当我们的灵魂踏上新的旅程时，至少要让我们的灵魂、我们的心灵比降生时更加纯净。能做到这一点，才称得上达到了人生的目的。与降生时相比，去世时我们的灵魂和心灵更加纯净，这才是人生最大的价值。

通过六波罗蜜的修行磨炼心性

那么，我们该如何磨炼自己的心性呢？

我历来提倡经营需要哲学，并创造出“人生·工作的结果=思维方式 × 热情 × 能力”这一方程式。我强调思维方式的重要性，同时也认为思维方式也就是提高心性可以使经营得到发展。

在这个过程中，我开始学习佛教，了解到“六波罗蜜”。六波罗蜜是佛祖为了使我们开悟而提倡的，即通过六种修行净化人的心灵，使人最终达到开悟的境界。

我发现，我所论述的经营需要哲学与佛祖所倡导的六波罗蜜是同一回事，虽然这样说有些自不量力。我们该怎样做才能达到磨炼心性的人生目的，两者对这一点的阐述是完全一致的。

怀有利他之心，抑制烦恼

六波罗蜜的六种修行可以净化人的心灵，最终使人达到开悟的境界。位居六种修行首位的是“布施”。布施就是施予他人，也就是为社会、为世人竭尽全力。

作为企业家，作为企业的经营者，我们追求正当利益，用正当利益养活员工，为社会做出贡献。此外，我一向倡导“利他之心”，把“利他”看得非常重要。

一般来说，企业活动首先考虑的是追求利润。利润是第一位的，如果有剩余，再考虑分给别人，这也许是普遍的思路。可是，我认为这种思路是错误的。我的想法是，通过帮助对方和施予对方来成就自己的事业。

可能有些评论家会嘲笑我说，谈利他之心能经营企业吗？可是我却认为，如果缺少利他之心，事业是不会获得成功的。

举例而言，我们在浴缸里伸出手掌去推洗澡水，水肯定会反弹回来。这个例子听起来微不足道，但它说明如果我们为他人着想，必定会得到回报。俗话说“好心有好报”，为别人竭尽全力，自己也会从中受益。

只是给僧人施舍钱物，这不能称为布施。帮助别人，为别人竭尽全力，这才是布施。我们要经常考虑为别人竭尽全力并付诸行动，这才是布施的修行。

六波罗蜜的第二种修行是“持戒”。持戒，就是遵守戒律，也就是抑制烦恼，不要去做身为人不可以去做的事。

人一旦获得成功，就无论如何要去追求更大的成功。我们应该感谢成功，懂得知足，可是我们不仅不去感谢，反而不知足，认为能取得这样的成功全凭自己的能力，自己应该能取得更大的成功，于是更加狂妄自大地去追求更大的成功。这种不懂得适可而止、不懂得知足的欲望叫作“贪欲”，抑制包括贪欲在内的各种烦恼，就是持戒。

付出不亚于任何人的努力

六波罗蜜的第三种修行是“精进”，指的是付出不亚于任何人的努力。

正如我在前面阐述的，我们通过布施为社会、为世人竭尽全力，磨炼自己的灵魂；我们通过持戒，努力避免去做身为人不应该做的事，磨炼自己的心性。而精进，指的是通过付出不亚于任何人的努力拼命工作，从而磨炼自己的心性。在布施、持戒和精进这三种修行中，我认为最重要的是精进。

中小企业的经营者平日里非常努力，他们早出晚归地工作，甚至让人担心如此拼命身体能否吃得消。他们付出的这种努力对于磨炼心性和塑造人格发挥着极其重要的作用。

脚踏实地、兢兢业业工作的中小企业经营者中是不会有坏人的。而那些在经营中半途而废、马马虎虎，稍微取得一点点成功就极尽奢华之能事的人，几乎都是些无能之辈。因此，如果我们真正勤勤恳恳地工作，自然会成为一个人格完善的人。

工作是生存的食粮，也就是说，工作并不仅仅是为了赚取薪水。工作对于塑造一个人的人格至关重要。

拼命工作是磨炼心性的最佳方法

然而进入 20 世纪后，人们逐渐认为，劳动只不过是赚取薪水和谋生的手段，这种思维方式越来越普遍。以尽量短的工作时间赚取尽量多的薪水，业余时间用于娱乐、消遣和个人爱好，人们逐渐认为这样的人生才是丰富多彩的。

事实的确如此，我们轻视劳动，认为最好少工作，出于这一思路，我们不断缩短工作时间。我们认为这才是正确的道路。

这一思路导致的结果是青少年犯罪增加，母亲虐待孩子的事件时有发生。之所以发生这些现象，可能是因为人们不工作导致心灵荒芜，换句话说，是因为人们的心性没有受到磨炼而不够完善。

当然，从理性的水平而言，也包括没有充分受教的因素在内。不过，真正从艰苦的工作中挣扎过来的人是无须受教的，他们自然会在工作中学会一切。

在这里我想谈谈二宫尊德的经历。二宫尊德只不过是日本的一介农民。他年幼时失去双亲，被寄养在叔叔家，以佃户的身份从早到晚拼命劳作。即使在这种处境下，尊德也非常勤奋好学，他利用晚上劳动结束后的时间努力学习。叔叔批评他浪费灯油，可是尊德依旧披星戴月地在田间劳作，同时坚持学习。

成年后，尊德陆续重建了一座座贫穷荒凉的村庄。他的行为受到好评，晚年时被幕府所雇用，最后被请到将军府任职。据说当时在并列而坐的武士和诸侯之中，尊德的言谈举止非常得体，让人误以为出身于贵族之家。这说明早出晚归携锄镐在田间劳作磨炼了二宫尊德的心性。

我认为，只有拼命工作，才能磨炼人的心性。有一技之长的人，比如那些专心致志埋头于工作、被称作“栋梁之材”的木匠，从他们在电视访谈中的谈吐中我们可以看到，他们具备多么了不起的人格。体育界也是一样，坚持不懈地努力，为提高技能努力训练的运动员也具有非常了不起的人格。

这一思路导致的结果是青少年犯罪增加，母亲虐待孩子的事件时有发生。之所以发生这些现象，是因为人们不工作导致心灵荒芜，换句话说，是因为人们的心性没有受到磨炼而不够完善。

历经艰辛，人才能成长

老话说：“有钱难买少年苦。”这句话上些年纪的人不知听他们的父母说过多少遍。年轻时的艰苦花钱也要去买，这是真理。塑造人格没有比这更好的方法了。

在富裕的现代社会中，我们不让孩子吃苦，让他们在舒适的环境中长大。在富裕的生活中，我们很难让孩子历经艰辛。正因为如此，我们才应该告诉他们塑造人格最重要的是经历辛苦，而且我们必须让这种想法根植于理性之中。

我们小时候一无所有，只有日本战败后被野火烧过的原野，所以我们无法逃避艰辛。我们那个年代，在战后一派萧条的社会中，父母、子女、兄弟姐妹必须齐心协力，才能在一贫如洗的生活中生存下去。即便如此，我们也不怨恨逆境，不嫉妒别人，在互帮互助中生存了下来。学校郊游去不成，修学旅行也不能去，听母亲说“只能忍耐啊”，我简直要哭出来了，却只能克制。

包括我在内，我们那个年代的孩子都是这样长大的，没有一位同学走上歧途，大家的人生都很精彩。而现在的孩子却因为没有历经艰辛，所以稍微遇到一点小事就情绪失控，诉诸暴力。历经艰辛在塑造人格方面就是如此重要。

六波罗蜜的第四种修行是“忍辱”。人的一生中会遭逢各种境遇，其中不乏艰难困苦，忍耐艰难困苦也可以提升心性。

第五种修行是“禅定”。我们总是在纷扰中度日，很少能在安静的环境中工作。周围环境嘈杂不堪，我们的内心也随之躁动不安。因此，我们每天至少有一次要让自己的心情平静下来，安静地坐禅。这就是禅定。

如果很难做到的话，也不一定非坐禅不可。我们平时很容易发火，尤其在工作中，这时让自己的心情尽可能地平静，尽量控制自己的情绪，也可以提升心性。这是释迦牟尼教导我们的。

经过布施、持戒、精进、忍辱、禅定这五种修行之后，就可以进入第六种修行，也就是了悟宇宙的“智慧”。这就是六波罗蜜的六种修行。

通过这六种修行提升心性并获得智慧，这就是通往开悟之路。如果我们谨记刚才说的这五种修行，那么人性一定会提升，作为人也会得到历练。

将人生目的清晰地铭刻于理性之中

那么，心性提升、人格完善之后，会发生什么事情呢？

我们通过经营企业进行自我修行。拼命经营企业成为一种修行，经营者的人性得到提升，必定会去想好事，做好事。于是因果报应的法则发挥作用，人生也好，事业也好，就会朝着好的方向发展。

此前我们只考虑自己的公司，一味地追求利润。可是，如果我们的心性提升，能够摆脱贪恋之心，就可以从更高的视点洞察全局。达不到开悟的境界也不要紧，只要尽量提升自己的心性，人格尽可能完善，我们就能够真正看清周围的事物。

比如，同行之间激烈地争夺市场份额。这是个尔虞我诈的世界，为了让自己的公司尽量多得到市场份额，相互间争得你死我活。如果心性稍微提升一些，经营者就能认清眼前的情况。我们经常可以清楚地看到某家企业在贪欲的驱使下看不清眼前的局面，于是我们预感到那家公司如此下去定会受挫，结果也确实如此。

所以，我从不强行争夺市场份额。看着其他企业受欲望驱使的状态，我们懂得自己的企业应该如何生存下去，并坚持不懈地努力。这样一来，我们的企业自然会硕果累累。

心性提升，就可以摆脱对贪欲的一味追求，看待事物的眼光就会变得清澈，能真正洞察一切。

人生的目的在于提升心性。成名也好，发财也好，这些都不是人生的目的。心性得到提升，就会看清一切事物，知道自己该选择怎样的生活方式。从结果来看，我们同样会出名，会获得财富。可是，心性提高，人格完善，我们就不会因为功成名就而傲慢无礼、妄自尊大。这就足够了。

我所谈的这些内容对大多数人而言并没有什么特别的新意，都是大家听起来耳熟或是隐约知道的。也许有人认为这些都是理所当然之事。

可是，总觉得自己了解或是隐约记得是不行的。以为自己很清楚这是理所当然之事，对此置之不理，也是不行的。人这种动物往往被惰性牵着鼻子走，所以我们应该把这些内容纳入理性中，时常反思一下，这是非常重要的。

人生的目的在于提升心性，希望大家至少将这一点铭记于理性之中。

第5讲

提升心性，磨炼灵魂

人的存在具有重大意义

没有一个人是按照自己的意愿降生到这个世界上来的，我们都不是自己想着“我到这个世界上来吧”，就来到这个世界的，而是我们懂事后才明白自己降生到了父母身边，在父母的庇护下长大，生活在这个世界上。这就是我们每一个人的人生起点。

从这个意义上讲，我们不是因为自己想来到现世，才降生到这个世界上的，因此被问到“为什么活着”这个问题时，我们很难回答。

不过我首先考虑的是，我们存在于现世这个事实本身具有重大意义。

从目前最先进的物理学理论来看，这个地球上存在的一切事物，都是构成这个宇宙所必不可少的。滚落在路边角落里的一块小石头，长在道旁的一株杂草，都有各自存在的意义。

宇宙在微妙的平衡中形成。所有的能量都保持平衡，宇宙才得以存在。不管缺少多么微弱的能量，宇宙都会崩溃。

总之，所有事物都具有能量，正因为这个宇宙中存在的一切事物的能量保持平衡，这个大宇宙才得以存在。

自然界靠生物链维系

从微生物到动植物，自然界中存在着多种生物，而且所有这些生物之间是循环往复的。

比如，土地里有多种微生物和细菌，它们有助于植物的根部生长，因而地上草木茂盛。草食动物以食草为生，肉食动物以草食动物为食。肉食动物死后腐烂重返土壤中，使土壤变得肥沃，于是从土壤中又长出新的花草树木。

自然界就是这样循环往复的，这同时也意味着生物链的延续。自然界中的一切生物都是由生物链连接起来的：草被吃掉，从而使草食动物繁盛；草食动物被肉食动物吃掉，从而保证了肉食动物的繁盛；肉食动物死后被细菌分解，又为植物提供养分。

自然界的发展就是这样依靠生物链维系的。这些普通生物不仅自己生存，还以自己的生命为代价，为其他生物提供帮助。这种循环在我们的地球上绵延不断。

在生活中为社会、为世人竭尽全力

我们人类拥有超凡的智慧。于是，我们开动聪明的头脑使现代科学得到发展，建构起了辉煌灿烂的文明社会。人类因智慧而置身于所有生物的顶点，食用地球上所有的生物以维持生存并谋求繁荣。

从另一个角度来看，普通的动植物献出自己的生命以帮助其他生物生存，而我们人类却剥夺动植物的生命，借以延续自己的生命并维持繁荣。

考虑到这一点，一个想法油然而生。

人类在拥有超凡智慧的同时，也应该具备超凡的理性和良心。那么，我们是不是应该考虑用理性和良心向其他生物施予些什么，而不仅仅是依靠剥夺其他生物的生命而生存呢？

人降生到这个世界上是多么不易，我们是否也应该在有限的生命中为社会、为世人哪怕是尽自己的绵薄之力，而不仅仅是为自己而活呢？尽微不足道之力也无妨，为社会、为世人竭尽全力应该是作为人最重要的生活方式。我想，人生在世的意义也正体现于此。

我们为什么而活呢？我认为，人生在世的首要目的是为社会、为世人尽自己哪怕是微不足道之力。

利他之心的原点是感激

可能有不少人笃信佛教。释迦牟尼劝诫我们说，人生在世最重要的在于利他之心。佛教的精髓就是慈悲之心。善解人意的慈悲之心，正是佛陀之心。

慈悲之心就是为他人提供哪怕是一点点帮助之心，就是为他人着想之心。怀有这样一颗心活在世上，才是人生的目的。总之我认为，采取利他行为对人而言是最重要的。

与利他之心相反的是利己之心，即对自己有利即可。摒弃利己之心，以利他之心为别人着想，这样度过我们的人生，才是我们生活的目的。不过这实际做起来却不像嘴上说的那么简单。

怀有利他之心，以一颗美好的善解人意之心与他人交往，如果我们希望这样度过自己的一生，那么我们首先要对自己活在人世间心生感激之情。当感激之心萌芽后，无论自己身处何种环境，我们的心都会自然而然地感觉到幸福。也许有人会说："不，我并不幸福。我的人生非常不幸。"可是放眼人世间，比你更加不幸的人数不胜数。这么一想，感激之情就会涌上我们的心头：和父母兄弟相守不也是一种幸福吗？

总之，无论身处何种境遇，只要心态良好，我们就能感觉到幸福。要想得到这种感觉，首先我们要心怀感激，认为自己现在活在人世间这件事本身就是幸福的。

如果我们开始感觉活在这个世界上很幸福，那么接下来自然会产生善解人意之心，乐于善待他人。这种善解人意之心是必然会产生的。

因此，为了拥有利他之心，首先要对自己活在人世间这件事心怀感激之情。

想好事、做好事可扭转命运

我们各自背负着不同的命运降生到这个世界上，无从知晓自己将走上怎样的命运之路，只能在命运的引领下开始自己的人生。

在人生的旅途中，我们会想很多事，做很多事。在这个过程中最重要的是，想好事、做好事会给我们的人生带来好的结果，想坏事、做坏事就会让我们的人生转向坏的方向。命运并非不可改变的宿命，命运会随着我们的想法和我们采取的行动而发生改变。我相信，这种因果报应的法则就存在于现世之中。

我在前面说过，以利他之心向他人伸出援助之手，善待他人，拥有一颗美好的善解人意之心，对我们的一生非常重要，能让我们的命运朝着良好的方向发展。

战胜逆境

对此我是有过切身体会的。

我从幼年到大学毕业走上社会，一直是非常不幸的。我上小学三年级时战争爆发，战争结束时我上初中一年级。我的家乡鹿儿岛在空袭中被烧成一片荒野，我们一家八口人挤在临时搭建的小屋中，生活十分贫困。

不仅生活贫困，而且由于小学没有好好学习，我也没能进入好的初中。在我的请求下，父母才同意让我上高中。我的家庭环境是无论如何不允许我上大学的，我的高中老师耐心地说服我的父母，他们才同意我上了大学。

我是 1955 年大学毕业的。那时战争刚刚结束 10 年，没有什么好的工作场所。我渴望进入一家好公司，于是前往各家公司登门求职，但是没有一家公司聘用地方大学的毕业生。

我们的教授见我处于困境不忍坐视，多方奔走，为我找到了京都的一家陶瓷制作公司。那家公司答应雇用我，于是我决定去那里工作。

那家公司在二战前好像业绩非常好，但战后 10 年间一直处于亏损状态。我入职后每年都发生劳动纠纷，到了发工资的日子发不出工资，处境凄惨。

我从少年时代起就在逆境中成长，好不容易走上社会，本以为可以轻松度日了，可是却进了一家行将倒闭的破败公司。对此我实在是感到无奈，总是满腹牢骚。

同时进入这家公司的一共有 5 名大学毕业生，我们每到午饭时间就聚在一处发牢骚。我抱怨说："在这家破公司一直干下去可不行，还是早点儿辞职吧。"可是我找不到工作，这家公司好不容易雇用了我，想辞职离开也无处可去。

停止抱怨，我的人生开始好转

入秋前后，除我之外，其他 4 个人都从公司辞职了，剩下我一个人走投无路。我无处可去，一边抱怨一边想：我必须想方设法在这家公司生存下去。

当时，公司为了未来的发展，正在计划开展新型精密陶瓷的研发工作，而这项重要的研发工作就交给了我这个刚毕业的大学生。

我想，每天总是嘟嘟囔囔地发牢骚，抱怨公司发工资的那天发不出工资也没办法，于是我就在连像样的研究设备都没有的简陋的研究室里专心致志地开始了研究工作，仿佛忘记了世间的一切忧愁。我从宿舍拿来了锅碗瓢盆，在研究室吃住，投入到研究工作中。

后来，我开始感觉研究工作越来越有趣了。因为感觉有趣，于是研究工作进展顺利，研究结果发表后得到称赞，在公司里也受到褒奖。于是我更加专注于研究工作，成功地开发出至今为止在日本尚无人能开发的新型陶瓷材料。

此时，我得到了上司的大力表扬，我自己也很开心。当我埋头于研究工作时，研究工作进展得非常顺利，结果受到了他人的褒奖，因此我感觉到了这份工作的价值。此前我一直在发牢骚，可现在就像脱胎换骨一般，变得积极开朗，开始专心致志从事研究工作了。

这进一步推动了我的研究工作，于是更好的产品问世，最终我的研究发展成使濒临破产的公司起死回生的事业。

几年后，出于其他原因，我从这家公司辞职。在别人的支持下，我以自己的研究成果和技术为基础创办了一家公司。这就是京瓷公司的前身。

自从我埋头于研究工作，不再发牢骚，以积极开朗的态度全神贯注地投入工作后，我的人生明显开始好转。

宇宙依靠因果报应法则成立

由于我自身有过这样的经历，所以我从 27 岁创办公司时就懂得，人生会随着自己内心的想法发生改变。如果总是抱怨，想法消极，或者总是心情不愉快，人生将会变得更加灰暗；如果以积极开朗的心情去努力，人生就会好转。心态可以决定你的人生是朝着好的方向还是坏的方向发展。那时我已经开始思考因果报应法则的存在了。

正在我产生如此想法时，我偶然读到一本书。读过这本书后我坚信：想好事、做好事，人生就会朝着好的方向发展；想坏事、做坏事，人生就会朝着坏的方向发展。无论与生俱来的命运如何，都是能改变的，命运绝不是宿命。

我 65 岁时在禅宗派系之一的临济宗妙心寺派的圆福寺出家为僧。我想学习佛教，加入僧人的行列。

我的想法在佛教中称作“因果报应”。

众所周知，释迦牟尼经过修行后最终开悟。释迦牟尼所说的“悟”，其主要思想用一句话概括就是：这个宇宙是由“因”和“缘”构成的。

所谓“因”，就是原因，这个“因”遇到“缘”就会产生“果”，也就是结果。现代物理学最先进的宇宙原理也证明了这一点。

释迦牟尼修行后开悟意味着获得了真正的智慧。从真正的智慧也就是开悟的境界来看自然界，所谓宇宙，就是世间万物首先有某种原因，然后遇到缘，从而产生结果。

通俗地讲，如果我们把一粒稻谷种到田里，在适宜的水、土壤和天气的作用下，稻谷生根发芽。幼苗沐浴着阳光茁壮成长，结出多粒稻谷。从因果报应法则的角度来看，最初的一粒稻谷是原因。土壤、水、阳光等是“缘”，结出的“果”就是稻米。

我从 27 岁创办公司时就懂得，人生会随着自己内心的想法发生改变。如果总是抱怨，想法消极，或者总是心情不愉快，人生将会变得更加灰暗；如果以积极开朗的心情去努力，人生就会好转。心态可以决定你的人生是朝着好的方向还是坏的方向发展。那时我已经开始思考因果报应法则的存在了。

意愿成就人生

生物界也好，物理学界也好，都是以这一法则构成的。释迦牟尼以开悟的双眼审视这个世界，并告诫我们：所谓宇宙的真理，就是最初的因存在于万物之中，因在缘的作用下产生果。

这一思路同样适用于我们的人生。

我们在现世中过着各式各样的生活，生活方式形形色色。我们生活在现世中，这是果。这个果有其最初的因，这个因遇到缘之后，我们才有了现在的生活。

那么，在现世中人所创造的因来源于何处呢？来源于人内心的意愿。我们所做的事都是我们内心所想的，内心没有想的事我们是不会去做的。并不是内心想的所有事情我们都会去做，但我们所做的一切都是从我们内心萌生的。

因此，我们内心所想即为因，将自己的意愿付诸行动也会成为因。这种思想和行动的果就构成当下我们正在度过的人生。

创造好的因，就会产生好的果

我们在现世生活的环境包括家庭和社会，这些都是我们在前世以及来到现世后创造的因产生的果。我们创造的这些因遇到缘，在现世的各种关系中产生果，这就是我们现在的生活。

原因的“因”在佛教中称为“业”，佛教告诉我们，“业”遇到“缘”就形成现实的世界。

可是，我们无从知晓自己在前世积累了怎样的业。所以，我们至少希望在自己有意识的现世创造好的因，我们觉得这样做自然会产生好的果。

我不知道自己在前世做了怎样的坏事，也许正因为如此，我才会在这个世界上遭遇诸多挫折。这是无可奈何的。但是，我至少希望在现世成就好的“业”，这么一想，我就开始希望在自己的有生之年为社会、为世人尽量做好事了。善行会创造出绝佳的因，这样的因在世上遇到缘就会产生好的果。

顺着这一思路我想到，即使是即将破产的中小企业，如果大家努力工作，努力做好事，是否也能发展为可以让员工安心工作的卓越企业呢？事实上，我已经开始采取这样的生活方式了。

创业时的五项誓言

请人出资 300 万日元和 7 名年轻的同人创办公司时，我手里一分钱也没有。当时我首先做的是明确提出自己的想法。

“这家公司是为了让稻盛和夫的技术问世而创办的，让我们齐心协力努力工作，创办一家为社会、为世人着想的公司！”我用书面的形式将自己的想法进行了总结，和另外 7 个人一起在上面按了血印。

在我 27 岁创办公司之初，我就宣称自己创办公司的目的是为社会、为世人竭尽全力。我希望这样度过自己的人生：想方设法播下好的种子，收获好的结果。要想实现这样的生活方式，最重要的是内心抱有好的想法。

与此同时，我以五项誓言的形式确立了自己的想法。

第一，常怀感激之心。

第二，切记美好体贴的善解人意之心，切记释迦牟尼所倡导的慈悲之心。

第三，公司的成立历尽艰辛，因此必须拼命工作。要付出不亚于任何人的努力。

第四，在公司的经营中会遇到各种各样的困难，要坚忍不拔地渡过难关。

第五，绝不可做身为人不可做之恶事。遵循父母和小学老师灌输的朴素的道德观和伦理观。

这五项誓言就是我所谓的好的想法。我们发誓内心常怀这些好的想法，并付诸行动。

为踏上新的旅程，将灵魂磨炼得更美好

到了 60 岁左右时，我有了一个想法。我终将迎来死亡，我开始思考自己应该为死亡的到来做怎样的准备。

人在出生后要花 20 年左右的时间为走上社会做准备，经过 40 年左右的社会生活，在 60 岁时迎来退休。现在人的寿命延长了，以活到 80 岁计算，我还剩下 20 年时间。

我想，这 20 年是为什么而存在的？为走上社会做准备需要 20 年时间，那么迎接死亡的到来也需要 20 年时间。也就是说，我还剩下 20 年时间为迎接死亡的到来做准备。

那么，为了迎接死亡的到来该做哪些准备呢？我认为，死亡是肉体的消失，灵魂却是不灭的。我死去的那一天，也就是我的灵魂踏上新的旅程而值得庆贺的日子。死

亡不是悲哀之事，而是灵魂踏上新旅程的可喜可贺之日。

既然如此，我们是不是应该将踏上旅程的灵魂装扮得更加美丽呢？在现世的艰辛中洗涤我们与生俱来的灵魂，将我们的灵魂磨炼得更加美好之后再去迎接死亡的到来，我想这才是最重要的。我出家为僧实际上也是为了磨炼自己的灵魂。

我希望我的灵魂换上新装，以明朗的心情踏上通往另一个世界的旅途。为此，我要将自己的灵魂磨炼得更加美好。在想到这一点的瞬间，我豁然开朗：这才是我们活在世间的意义之所在吧。

人生的目的并不在于成功经营企业后功成名就或腰缠万贯。人生在世的意义在于磨炼自己的灵魂，为的是当死亡来临时，我们能够让自己的灵魂比降生时更加美好，为灵魂开启新的旅程。我意识到这才是人生在世的价值之所在，目的之所在。

磨炼美好的灵魂，通俗地讲，就是我前面谈到的要想好事、做好事。为了磨炼灵魂，我们应该每天按照这个标准谦虚地进行自我反省，努力改变自己。仅凭知识的记忆是绝对无法磨炼灵魂的。

要想使自己的灵魂变得高尚，充满美好的善解人意之情，我们就要每天这样告诫并追问自己，今天自己的想法和行为是否果真建立在善的基础之上，并每天修正自己的思想和行为。

> 人生的目的并不在于成功经营企业后功成名就或腰缠万贯。人生在世的意义在于磨炼自己的灵魂，为的是当死亡来临时，我们能够让自己的灵魂比降生时更加美好，为灵魂开启新的旅程。我意识到这才是人生在世的价值之所在，目的之所在。

灵魂得到磨炼，人格随之改变

没有人知道在死亡到来之前自己的灵魂是否已变得更美好，对此进行检验的方法只有一个。这个方法就是，如果平日里考虑将自己的灵魂磨炼得更加美好并付诸行动，那么我们的人格应该会发生改变。

人有时会心怀无聊的妄想。我也是一样，口头上说的听起来非常了不起，却也是一个满心妄想的人。我一面告诫自己“这可不行”，一面在每天的生活中让自己不断朝着正确的方向前进。

如果在生活中不断进行这种修正，我们自然就会采取磨炼灵魂、提升心性的行动，结果是我们的人格发生变化。总之，对人格起不到积极作用的想法是毫无意义的。

人格并不是从降生之时起终生不变的，而是会随着内心的想法而发生改变。因此，随着年龄的增长，如果听到有人说“那个人真是个好人啊！和年轻时大不一样了，变成一个非常好的人了”，这就意味着这个人的灵魂变得更加美好了。从一个人的人格可以看出他的灵魂是否变得更加美好。

芥川龙之介和小林秀雄的话

正当我有这种想法时，我读到了作家芥川龙之介的一句话："性格决定命运。"文艺评论家小林秀雄也说过："人只会遇到符合自己性格的事。"

刚才我说过，想好事、做好事会带来好的结果，如果我们始终在这种想法的支配下采取行动，就会形成一个人的性格。

如果像芥川龙之介所言，性格决定命运，或者像小林秀雄所言，人只会遇到符合自己性格的事，那么，"我被卷到了一起非常不幸的事件中"这种说法就意味着，是你的想法招致了这种不幸，或者说是你的性格造成了这一不幸的事件。

心怀改变性格的强烈意愿，每天修正自己的想法，让自己的想法和行动朝着好的方向转变，这两位前人的话真实地体现出这样做的重要性。

想好事、做好事会带来好的结果，如果我们始终在这种想法的支配下采取行动，就会形成一个人的性格。

“无心”即为神佛的慈悲之心

人为什么而活？开始时我说过，人活着的目的是为社会、为世人竭尽全力。我们要以一颗美好体贴的善解人意之心与他人接触。不仅是他人，我们还要以一颗善解人意之心与世间万物接触。我说过，这是我们活在世上最重要的事。

从目前地球上存在的问题可以看出，如今只有我们人类繁荣昌盛，享受着文明生活，而地球却已经病入膏肓。如果我们一直像这样极尽奢欲，地球将遭到破坏，也许我们人类将无法再居住下去。无须听取环境学家的意见我们就知道，无论是从人口问题、资源问题还是从地球环境问题来看，如果我们不改变唯我独尊的蛮横想法，显然人类是无法生存下去的。

生活在这个地球上的万物必须共生。位于生物链顶点的人类应当以美好的善解人意之心向所有生物奉献我们的爱心。如果我们不这样做，地球将无法延续，人类也将无法生存。

我和禅宗的僧人有些交往，禅宗是非常高深的宗教，我学识浅薄，难以理解。我也并没有热衷于坐禅，因此也无法理解坐禅，只是听说禅宗的最高境界是通过坐禅达到“无”。

达到“无”的境界，换一种说法就是“无私”，即舍弃自我，也可以说是“无心”，即舍弃内心。我们总是心怀妄想，舍弃怀有妄想的内心即为“无”。

我认为，只有“无”才是佛心。达到“无”的境界，才能理解佛的本心。佛心就是慈悲之心。通过不断修行达到的最高境界应该是释迦牟尼所达到的佛心，也就是让自己满怀慈悲之心。这就是所谓禅的最高境界。

我们无法进行高难度的修行，实际上也没有谁正在尝试。但至少理性告诉我们，我们应该以一颗善解人意之心与周围的人，与世间万物去接触。所以我想，我们至少应该做到这一点。

只有“无”才是佛心。达到“无”的境界，才能理解佛的本心。佛心就是慈悲之心。通过不断修行达到的最高境界应该是释迦牟尼所达到的佛心，也就是让自己满怀慈悲之心。这就是所谓禅的最高境界。

如何度过仅有一次的人生

前面谈到善解人意，如果我们想为社会、为世人着想，想为包括地球环境在内更广阔的领域做出贡献，那么只有善解人意是不够的。如果不同时拼命工作、坚持不懈地努力，最终一切不过是空谈而已。

因此我想，我要竭尽全力在这仅有一次的人生中持续努力，并且把努力的成果用于周围的人，用于地球和全人类。采取这种积极向上的生活方式，并且用得到的成果回报社会，这才是我们活在世上的目的之所在。

如今仔细回顾自己的人生，我在成立公司之初，考虑的只是创办一家可以让员工安心工作的卓越企业。在尽量使企业卓越发展的同时，我也希望企业发展为全球规模，为此我拼命努力。

现在我已经从一线退下来，京瓷公司在全世界的销售额已突破 1 万亿日元，公司赚取了丰厚的利润。距今约 30 年前成立的第二电电已改名为 KDDI，现在发展为销售额 3 万亿日元的大型企业。

从这个意义上讲，也许我实现了年轻时“创办一家卓越企业”的理想，可是在死亡到来之前，我追问自己：“这果真是我的人生目的吗？”我不得不对自己摇头。的确，我创办了京瓷，创办了 KDDI，拥有种种发明和发现，但不管怎么说，这些也算不上丰功伟绩。正如我刚才反复强调的那样，这是因为我认为人生的目的只有一个，这就是与生俱来的灵魂是否变得稍微美好了一些。

无论生活怎样贫困，无论身处怎样的逆境，我们每天都在磨炼自己的灵魂中度过，以使自己的灵魂变得更加美好，这样做才是朝着伟大的目标而努力。我认为，这才是我们来到这个世界上真正的意义之所在。

希望大家以这样的看法对自己的人生进行一次检验，相信大家一定会自己找到“人为什么活着”这个问题的答案。

第6讲

拓展命运之路

命运性的相遇成就人生

今天我的题目是“命运性的相遇成就人生”，我想从人生中与各位优秀人士的相遇谈起。我所说的“命运性的相遇”，指的是和那些以善解人意的纯真之心与我接触并给予我建议和支持的人士的相遇。

到了我这样的年纪，每当回顾自己的一生时，我都深切地感受到正是这些人的诚意和善意使我走到了今天。想到这一点，我的内心油然而生感激之情，我不由得在心中双手合十。

那么，回顾一生，我遇到了哪些怀有诚意和善意的人，才让我走到今天呢？我想从幼年时代起按时间顺序来讲述。

我生于1932年，小学毕业时适逢20世纪40年代中期，当时正处于第二次世界大战期间。也许是由于这个缘故吧，我记得自己小学期间没怎么学习过，总是在学校胡闹，是学校的“淘气大王”之一。

小学毕业之际，我参加了鹿儿岛有名的旧制中学的考试，因为从没好好学习过，当然是考不上了。当时，战争中的学校制度规定，不能升学的孩子进入与国民学校高等科就读两年，毕业后一般就参加工作了。我没考上初中，所以进入国民学校高等科就读。那是1944年，战争结束的前一年。

1944年年底，我患感冒一直卧床不起，长时间低烧，咳嗽得也很厉害。到医院一检查，竟然是肺结核的早期症状——肺浸润。

肺结核在当时是会直接导致死亡的重症，而且那个年代没有特效药，医生只是叮嘱必须静养并摄取足够的营养。可是当时粮食供给日益匮乏，我很难补充营养。

进入新的一年，也就是1945年，我小学时的班主任土井先生冒着空袭的危险特意来家中看望我。土井先生平时并没有特别指导过我，我的父母对他的到访感到很诧异，猜不透他到底为何事而来。土井先生拜托我的父母说："请你们一定要让和夫君念初中。"他甚至为我提交了申请书。

考试那天，他头上裹着防空头巾来到我家，对我父母说，"请和夫君跟我出去一下"，然后就牵起我烧得发热的手，把我带到了前一年我落榜的那所有名的旧制中学的考场里。

可是，我在那样一种身体条件下参加考试，肯定是考不上的。我想，我还是断了上初中这个念头吧，因为当时鹿儿岛市内也频繁遭到美军的空袭，而且我也知道结核病是通向死亡的疾病。也许是因为年幼的我内心已经意识到了死亡的威胁，对升学也就不抱幻想了吧。

没想到，土井先生再次亲自登门对我父母说："希望你们无论如何要让这孩子上初中。虽然没考上鹿儿岛一中，可是还有私立学校鹿儿岛中学呢。无论如何也要让他继续升学。"

我却对土井先生说："老师，我对上初中已经死心了。”我的父母也表示：“这孩子患病在身，我们不打算让他上初中了。”然而，土井老师已经把我的申请书提交给了鹿儿岛中学。临走时他给我留下一句话：“学校已经受理了你的申请，你一定要去参加考试。”

我接受了土井先生希望帮助学生的诚意与善意，参加了私立学校鹿儿岛中学的考试，总算是通过了，顺利升学。如果不是土井先生为我提交申请书，我肯定是读完国民学校高等科后就去参加工作了。

参加小学同学聚会时，我遇到了小学毕业后当上市政公交司机和出租车司机的同学，还有继承了家族餐馆的同学，围绕往事我们聊得热火朝天。如果我在家乡像他们一样度过一生也没有什么不正常的。我深切地感受到，我之所以能有今天，正是由于土井先生的缘故，我至今依然对土井先生心怀感激之情。

1945 年春天，我进入旧制初中读书。那年夏天日本战败，学制发生了变化，旧制初中改为新制，3 年后可以毕业，如果还想继续学习的话，也可以进入新制高中读书。

我上高中三年级时，辛岛政雄先生担任我们的班主任，主要教数学课，他曾经在旧制初中担任过校长。因为我非常喜欢数学，所以辛岛先生在各方面对我都很照顾。

高中 3 年我算是努力学习了，到了快毕业时，由于家境不算富裕，我就想去当地的鹿儿岛银行之类的地方工作。

父母生活贫困，子女又多，经济拮据，哥哥也放弃升学参加了工作。作为家里的次子，我当然应该去工作，帮助父母维持家计。

可是辛岛先生却认为我无论如何也应该上大学，两次特意登门拜访。他是这样劝说想让我工作的父母的："稻盛君的成绩在学校名列前茅，现在就业太可惜了。虽然做父母的很辛苦，可最好还是让他进入大学学习，走上他自己喜欢的道路。请你们重新考虑一下。"

关于学费，辛岛先生也对我犹豫不决的父母进行了一番热情洋溢的劝说："稻盛君在初中和高中都拿到了育英奖学金，上大学后再去考取奖学金就是了。如果再打些零工，总能维持下去的。他无论如何也应该上大学。"

我的父母仅仅小学毕业，从没想过自己的二儿子要去上大学，他们认定我高中毕业后就应该去工作。辛岛老师拼命说服我的父母，为我开辟了通往大学的道路。

如果不是辛岛老师特意登门拜访并说服我的父母，肯定也不会有今天的稻盛和夫。

就这样，我开始把考大学作为自己的目标，不过我却没能如愿以偿地考上最理想的大学，而是进入了当地的鹿儿岛大学工学部应用化学科。大学 4 年，我可以称得上“书呆子”，每天只是拼命读书。

接下来就到了该找工作的时候了。当时二战刚刚结束 10 年，而且受朝鲜战争结束后经济不景气的影响，我一直找不到工作。尤其是地方大学的毕业生，无论成绩如何优异，都很难进入理想的公司就业。

我的指导教授竹下寿雄先生非常担心我的工作，为了帮我找工作四处奔走。他终于为我找到一家电瓷制造公司，这就是位于京都的松风工业。由于竹下先生的熟人在松风工业担任技术部长的关系，我才得以进入松风工业。

可是我大学时学的专业是有机化学，所以我必须赶紧学习与瓷器相关的知识，也就是无机化学，我只用了半年时间对鹿儿岛入来町地区的黏土矿物进行研究。后来我把半年的研究成果，包括发现埃洛石这种结晶在内写成了毕业论文。由于这篇论文，我得以邂逅一位恩师。

在毕业论文发表会上，我没想到自己的论文吸引了新到任的内野正夫先生的目光。内野先生毕业于东京帝国大学应用化学专业，二战前从事轻金属制造工作，作为顶级的高科技工作者，在行业内颇有影响力。

这样一位知名人物看过我的论文后大加称赞，他甚至对我说："你的论文比东京大学毕业生的论文还要精彩。"他不仅请我喝咖啡，还给予我高度评价，鼓励我说："你一定会成为一位非常出色的工程师。"

虽然我从未上过内野先生的课，整个大学期间我们也几乎没有任何接触，但内野先生对我的诚意与善意即使在我大学毕业后也从未间断。

据说我就业的松风工业曾经是一家优秀企业，大有超越日本电瓷公司之势。然而战后企业持续亏损，我进公司时已经开始衰败，到了发工资的日子却发不出工资，要拖上一周到 10 天的时间。

虽然我进公司时间不长，可对这家濒临倒闭的企业也是满腹怨言。“我的人生将何去何从呢？”想到这一点我就心情暗淡。内野先生从鹿儿岛到东京出差时，总是给我发一封电报，告知他所乘坐的特急“燕”号列车几点几分在京都站停车，于是我就利用短暂的停车时间，在车厢的连接处听取他的意见。

内野先生是一位非常有成就的学者，又是工程师，同时他还具备高尚的人格，因此我不仅在研究方面听取他的建议，还将他视为我人生的导师，在很多事情上都征求他的意见。

进入松风工业大约 3 年后，我在新的研究课题方面与上司意见不合，因此辞去了公司的工作。可是，我决定辞职并向周围人宣布自己的决定之后，下一步去哪里工作却毫无方向。

正好在前一年，松风工业来了一位巴基斯坦实习生。那一个月左右时间我对他很关照，在技术上也给了他很多指导，这位实习生在巴基斯坦是一家生产绝缘用电瓷的大型公司的继承人。

实习结束后，他多次找到我说：“希望您一定要来巴基斯坦工作。我想请您在父亲经营的公司担任厂长。”而且他还破格给予我很高的待遇，工资相当于当时我在松风工业的好几倍。

当时我婉言谢绝了他的好意，他也已经返回巴基斯坦。我与上司争吵后决定辞职时，突然想起这件事，就向巴基斯坦发了一封信，询问对方是否还有意聘用我。我得到的回复是“请您一定要来”，于是我开始考虑去巴基斯坦工作。在这件事上，我也征求了内野先生的意见。

内野先生当即表示：“绝对不能去巴基斯坦。你的技术好不容易提高到了现在的水平，如果拿到巴基斯坦去‘零售’，几年后再回到日本，作为工程师你就派不上什么用场了。你在巴基斯坦期间，日本的技术肯定在日新月异地进步。请你一定要留在日本继续努力。”

在京都车站的月台上，内野先生不假思索的一番话打消了我去巴基斯坦的念头。如今回想起来，如果当时就此前往巴基斯坦，那么我只不过是窥见精密陶瓷世界的大门而已，在工程师的道路上将半途而废。

就这样，内野先生大概以每月一次的频率在鹿儿岛和东京往返时给我发电报，我们总是在京都车站的月台上进行四五分钟的短暂会面。每次他都给予我中肯的建议："重要的是坚韧不拔地把研究进行下去。"

创办京瓷公司后，我们的会面不再局限于京都车站，我还利用到东京出差的机会前去拜访内野先生。当时，内野先生辞去了鹿儿岛大学的工作，经同学介绍前往日本帕卡濑精公司的东京研究所任所长。

翻开当时的笔记本，可以看到上面详尽地记录着我请内野先生向东京大学、东京工大乃至九州大学等大学研究机构介绍我的研究成果，以及内野先生在新产品和新事业上给予我的技术指导。

还有一件事发生在内野先生去世之前。收到内野先生的病危通知后，我迅速从美国的出差地飞回日本，一到羽田机场，我就直奔内野先生住院的东京都内的医院。

内野先生的女儿在原厚生省担任技术官员，她正在医院的走廊里等候我的到来。我问她能否进病房，她回答说，"父亲总是在问，'稻盛君怎么样了呢？'您来了，他一定非常高兴"，于是让我进到病房里。

内野先生躺在病床上，已经骨瘦如柴。我伏在他的枕边叫了一声“内野先生”，他却用洪钟般的声音连声呼喊：“哎呀，稻盛君，你真是了不起！你真是了不起！”

我知道这是因为内野先生听说京瓷正在持续发展，从心底里为我感到高兴，可是我觉得他这样连声说话对身体不好，于是在表达了我的慰问之意并向他汇报了我的近况之后，就匆匆告辞了。

内野先生直到离世前还记挂着我，他始终以极大的诚意与善意与我交往，成为我生命中不可替代之人。

如今回想起来，如果没有与内野先生的相遇，如果我没有认真听取内野先生给予我的各种建议，我的人生乃至京瓷的经营将会与现在有着天壤之别。内野先生是我的恩人，我对他怎样感激也不为过。

我从松风工业辞职时，我的上司也与我一道离开公司，在我创办新公司之际，他把我介绍给了自己在京都大学读书时的同学西枝一江先生。

西枝先生当时担任宫木电机公司的专务，与我初次见面，他只说了一句话：“这么个毛头小伙子！”可是见面的次数多了，我反复向他讲解生产精密陶瓷的可能性，他终于表示“试试看吧”，于是说服宫木电机的其他管理者同意向新公司投资。

西枝先生还以自己的宅院做抵押，为我筹备了 1 000 万日元的创业资金。正因为有西枝先生的无私援助，京瓷公司才得以创办。这是 1959 年的事。

我向西枝先生学会了很多东西，从经营的理想状态到喝酒的方法。他胸襟开阔，待人真诚，每当我向他汇报公司的情况时，他都像对待自己的事情一样为京瓷公司的顺利发展感到欣慰。

我想让京瓷上市，去征求西枝先生的意见。本以为他一定会为我高兴，没想到他说：“不能干这样的事。”虽然公司上市后，作为大股东他可以获得相当大的利益，但他却不同意公司上市：“上市后，经营方向会被一些莫名其妙的股东所左右，我们不能这样干。”

他就是这样一个无欲无求、心灵美好的人。直至今日，回想起他当时的言谈举止，我依旧想从心底里呼唤一声“恩师”。

西枝先生在新潟县的寺庙中出生并长大，由于我们有缘相识，后来我才有机会结识了引领我皈依佛门的临济宗妙心寺派掌门人西片担雪法师。我强烈地感觉到，西枝先生是我一生中不可或缺的重要人物。

到此为止，我介绍的是我和年长者之间命运性的相遇，他们作为我的“人生之师”令我景仰。人生中还有另外一件事也至关重要，这就是与同龄人的交往，也可以说是朋友的选择。

结识不可替代的、可称为知己的朋友

谈到朋友关系，我首先想到的就是我和好友宫村久治先生之间的交往。

我和宫村先生的相遇要追溯到距今大约40年前，那时正是京瓷飞速发展的时期。我考虑让京瓷在大阪证券交易所第二部上市，正在寻找审计师之际，住友银行的京都支行行长向我介绍了宫村先生。

当时宫村先生48岁，我39岁，他比我大9岁。初次见面，他给我的印象是一位面色极不和悦的大叔，我请他担任审计师，他回答说："你轻轻松松地说请我担任审计师，我可不会轻易答应的。"

然后他问我："决算时我会向你提出各种意见，也会提出要求，你会认真听取并按照我说的去做吗？”

我回答说：“我当然会把正确的做人之道贯彻到底，我从很久以前就以此作为自己的信念。我毫无做坏事的打算。在决算方面也是一样，您提出的正确的事我会坚决贯彻到底的。”

他接着说：“大家都是这么说的。经营一帆风顺时坚持正确的决算是没问题的，所以大家都会这么说。可是一旦经济不景气，经营陷入困境，决算无法如愿实现时，那些曾经说得冠冕堂皇的人却向我们注册会计师提出编造假决算的要求，他们会说：‘别说得那么郑重其事的！你把这个地方的数字改一下不就行了吗？’”

他那种口吻简直像是在对我说：“你也是这类人吧？”我不由得沉下脸来：“没那回事儿！不管在什么时候，我都不会改变自己的想法。”宫村先生回答道：“那好吧，君子一言，驷马难追。”最终他答应了做我们公司的审计师。

不过，我却被宫村先生希望光明正大地做企业审计师的姿态深深吸引，后来他作为京瓷的审计师，作为我最好的朋友，与我在公私两方面都保持着密切交往。

他是个既不和悦又认死理的人，我们在意见有分歧时，每回都发生激烈的冲突。但我们却在谈论会计、经营、时局和人生的过程中成为真正亲密的朋友，一起去喝酒，打高尔夫球。

我们在娱乐时也不是彻底的娱乐，打着高尔夫球，谈的却是人的活法；喝着酒，转眼间就讨论起了人生观和政治观。我们的意见不同，很快就激烈地争吵起来。

我坚持自己的意见：“宫村先生，你说得不对！”宫村先生也不改变他的主张：“绝不是那样的！”尽管如此，他生病时我还是不放心前去看望，而我身体欠佳时，他同样牵挂着我，给我各种建议。

我们讨论最多的是宗教问题。宫村先生的母亲和夫人都笃信宗教，只有宫村先生对宗教没有丝毫热情。

我每次谈到“灵”或者“魂”，他都会反驳我，可是到了晚年，他却默默地听我说，不住地点头。不过看他那样子也不像是真正相信我的话。我想他只是对我热情洋溢的高谈阔论随声附和，最终并没有形成宗教情怀。

而在企业收购等重大经营问题上，我必定首先征求宫村先生的意见。我跟他谈企业并购的事："事实上，眼下我正在考虑这样一件事……"宫村先生就会抛开自己的得失，细致、周密、公正地替我考虑，提出让我备受鼓舞的建议："你考虑的事情可行，应该这么做。"

宫村先生不仅是注册会计师，他的工作还涉及律师领域。他的见解总是正确的，对我而言的确是中肯的建议。与宫村先生开始交往后，京瓷和 KDDI 着手收购了多家企业，无论收购哪一家企业，宫村先生都给予我们多方协助。

遗憾的是，宫村先生于 2001 年年末与世长辞。有时我会想："如果宫村先生在这里，就可以开怀畅饮一番了。"他是我不可替代的、可称之为知己的朋友。

我还想起另外一个人，在京瓷公司上市时，他也像宫村先生一样给予我们帮助，他就是大和证券的副社长堀清彦先生。我们考虑上市时，几家证券公司同时提出愿意帮助京瓷公司上市。"

但是，上市的操作方式却各不相同。其中一家证券公司表示："要想上市有几种方式。一种方式是把创业者持有的股份抛向市场，另一种方式是发行新股，还有一种方式是这两者的折中方案，也就是把创业者持有的部分股份抛出，同时发行新股。”

不过这家公司同时也表示：“普遍还是采用折中方案，其中有些公司采用只抛出创业者持有股份的方式上市。不管怎样，还是建议采用让各位创业者充分获利的方式，毕竟创业者是冒着风险创办公司，又历尽艰辛才使公司发展到如此规模的。如果交给我们来办，我们会让创业者稻盛先生最大限度地获利。”

大和证券派来的是堀先生，他也说了同样一番话，对此我表达了自己的想法：“我希望只用新股上市。”堀先生强烈建议我这样做：“这种想法很了不起。这样一来，创业者就得不到资本收益了，全都成为企业的资金，所以对热爱公司的人来说是最好的方法。”

最终，京瓷公司通过全额发行新股实现了上市，上市后获得的全部收益都纳入公司的资本金中。这笔无成本的丰厚资金此后推动了企业的多元化发展，对企业的发展做出了巨大贡献。

当时，证券公司又称“股票经纪公司”，被认为是利益至上的公司。堀先生置身于这样的行业之中，却能够贯彻正确的做人之道，是个具有强烈正义感的人。他与我意气相投，此后我们也一直保持着私人交往。京瓷公司后来请大和证券担任主承销商，一直得到大和证券的帮助。

华歌尔的创始人冢本幸一先生也是我的领路人。

京瓷上市后，我一如既往地一门心思工作，有一天突然接到一个电话。我拿起听筒，对方开口道：“我是京都华歌尔的冢本。”此前我们未曾谋面，他却问我：“我从报纸上了解到，你所做的工作非常了不起。你跟京都的经营者有着怎样的交往呢？”我回答说：“我跟他们没有交往。我满脑子想的只有工作。”

对方接着说：“哎呀，那可不行。京都的经营者有一个组织叫‘正和会’，我可以介绍京都的经营者入会，你有没有兴趣？”

华歌尔的冢本先生是个白手起家的人物，当时就很有名。如此声名远扬的人恳切地介绍我与京都的经营者交往，我当即表示非常愿意，请他介绍我加入了正和会。之后他又向我介绍了京都的各位企业经营者。

我来自鹿儿岛，在京都创业，虽然实现了企业上市，可是我却一直埋头于工作，完全不懂得与人交往。冢本先生把我介绍给京都老字号企业的经营者，让我加入到京都金融界人士的行列。

冢本先生的交际面很广，不久后他又问我："你在东京有朋友吗？"我回答说："没有。"他表示："那我给你介绍吧，你跟我来。"于是他把我带到了东京。

他把我介绍给索尼的盛田昭夫先生、梁濑汽车的梁濑次郎先生、养乐多的松园尚巳先生，还有牛尾电机的牛尾治朗先生，为我创造了与东京金融界人士交流的契机。

我原本无意与这些人交往，可是却像冢本先生的下属一般，作为京都企业经营者的代表被介绍给各式各样的人，于是我和东京金融界人士开始了个人交流。

当时形成的人脉在后来我考虑创办第二电电，也就是现在的KDDI时发挥了很大作用。从这个意义上讲，冢本先生对于我也是一位不可替代的恩人。

心怀感激之情

回顾往事，我的脑海中浮现出一个个身影：小学升初中时给予我帮助的土井先生，新制高中升大学时给予我指导的辛岛先生，大学时代为我的就业多方奔走并为我开辟通往陶瓷领域之路的竹下先生，阻止我去巴基斯坦工作、引领我在技术之路上获得成功的内野先生，信任我并为我投资创办公司的西枝先生，还有年长于我却像朋友一般与我亲密交往并给予我指导的宫村先生、堀先生和冢本先生。

我强烈地感觉到，如果没有遇到他们，我就不会有今天的成就。而且我还可以肯定，如果我没有诚恳地听取他们的宝贵意见，就没有现在的我。

人生就像铁轨一样，在每一个道岔处都会改变方向。铁轨的道岔处正是与命运中人相遇之处，也正是听取这个人宝贵建议的时刻。只有珍惜这种相遇，重视对方的建议，人生的轨道才会朝着好的方向转换。

我自己的人生，尤其是幼年时代挫折不断，经历悲惨。战争结束时家园被烧毁，自己又患上了结核病，考初中时两度落榜。后来考大学和就业仍旧继续品尝失败的滋味。最终进入的那家公司面临破产，第一次工资就延迟发放。

我接二连三地遭受逆境与挫折，如果我始终玩世不恭、性情乖僻、满腹牢骚，那么我在悲惨中度过一生也不足为奇。

然而幸运的是，我在少年和青年时代的每一个重要阶段都遇到了优秀人士，他们满怀诚意与善意给予我建议。我自己也拼命努力，为的是不辜负他们满怀诚意与善意的支持。于是命运之门向我敞开。

在这些人中，如果我错失与其中任何一位的邂逅，就肯定没有今天的我。每当我想到这一点，感激之情都会从我的心底涌起。

回想起来，印象中我真正心怀感激之情是在我二十五六岁的时候。

我的前半生在悲惨中度过。进入松风工业后，我专心从事研究工作，取得了研究成果，创办了京瓷公司。到了这个时候，回顾自己的人生之路，我才开始感觉到，我之所以有今天，是因为与各位先生相识并得到了他们的帮助。

当我产生了这种想法时，我开始意识到，即使对于自己的现状，也应该心怀感激才是。尤其是当我创办京瓷公司时，我已经不再是一个满腹牢骚的人，我的内心怀有强烈的感激之情。

内心涌起如此强烈的感激之情，幸福感就会油然而生。在感谢遇到的人、感谢社会的同时，我开始感觉自己是个幸福的人，进而内心自然涌起体贴他人之情，为他人的幸福而祈祷。

也许是由于这个缘故，虽然京瓷公司主要由包括我在内的 8 个 20 多岁的年轻人组成，而且当时我自己对经营、对社会也一无所知，但是创业之初我们这些人却将“为社会、为世人竭尽全力”写进了誓言中。

我至今依然记得誓言的主要内容：“是别人帮助我们创办了公司，这是非常幸福的事。对此我们应该心怀感激之情，为社会、为世人竭尽全力。”

京瓷公司起步后，该如何经营这家新成立的公司，对此我感到非常烦恼。我们 8 个人创业，雇用了 20 名员工，总共 28 个人开始经营。如果经营失误，公司倒闭，将带来重大影响。绝对不能让千辛万苦聚集起来的员工流落街头。为此，我在心中发誓要付出不亚于任何人的努力，一路拼命工作至今。

公司终于顺利发展，社会知名度提高，我的名字也作为经营者开始被社会知晓。可是，为了不让自己骄傲自满，我还是严厉地告诫自己要谦虚，不要骄傲，要常怀感激之心。正是因为与这些人相遇，在他们的帮助下，才成就了今天的我。

在我们的一生中，像这样心怀感激地生活在这个世界上至关重要。人无法独自生存下去。人要在周围一切存在的支持下生存，比如家人、职场中的伙伴、社区，还有空气、水和食物等。或者更准确地说，不是“我们生存”，而是“让我们生存下去”。

如果我们能有这样的想法，那么只是健康地活在这个世界上，就会油然而生感激之情。前面我也谈到过，产生感激之心后，接下来就会感觉到幸福了。

对于生存在这个世界上——不，应该说“让我们生存在这个世界上”——心怀感激之情，油然而生幸福感，这样才能使我们的人生变得更加丰富多彩、情趣盎然、精彩纷呈。

事实上，我们很难做到拥有感激之心。可是，即使身处逆境，我们也应该强迫自己心怀感激，对眼前的考验表示感谢，付出比以往更加艰苦的努力。

牢骚抱怨郁积的不和谐氛围不仅会给自己，也会给周围人带来不幸。即使不是发自真心，也要让自己心怀感激，这样一来自己的心情也会变得轻松。如果再将感激之情表达出来，道一声“谢谢”，就连周围的人也会感觉心情愉悦。

举例来说，我们在电车上给老人让座，老人弯腰向我们道谢。此时让座的人和被让座的人都会感觉心情愉快，见此情景，周围人的心情也会愉快起来。

这是因为通过用感激的话语表达内心的感激之情，善行逐渐传播开来。如果善行像这样接连不断地在社会中传播开来，我们的社会一定会变得更加美好。

实际上，对经营一无所知的我在 27 岁时创办京瓷公司也好，白手起家成立的这家公司繁荣昌盛地发展成今天 1 万亿日元的企业也好，原本都是不可能实现的。

而且，作为京都的一家地方企业，参与到国家的通信事业中来，与大型公司 NTT 对抗；这家公司在新成立的电信企业中一直居首位，如今改名为“KDDI”，销售额直逼 4 万亿日元——这一切原本也是不可能实现的。

我从 2010 年起又开始从事日本航空的重建工作，所有人都认为日本航空必定再度破产，可是仅用了 3 年时间，日本航空不仅实现了再次上市，而且还摇身一变，成为世界上收益最高的航空公司。这原本也是不可能实现的。

这一切原本都不是我这样的人可以做到的。这实在是由于神明的保佑，赐予我与各位先生相遇的机会，并且由于上天的安排，分派给我这样的任务，才使不可能实现的事变成了现实。对此，我必须再次诚恳地道一声“谢谢”。

感谢的话语是社会上的一剂灵丹妙药，它引领我们自身进入心情舒畅的境界，让身边听到这句话的人心情变得温柔美好，甚至是创造奇迹；感谢的话语还可以使人生丰富充实，精彩纷呈。

“谢谢”这句表达感激的话语还具有另外一种力量，这让我回忆起我上小学前尚且年幼时的经历。

我父亲的老家在鹿儿岛近郊的农村，当时那里还保留着“隐蔽念佛”的习俗。“隐蔽念佛”指的是由于萨摩藩禁止净土真宗的传播，对其采取镇压措施，因此信徒将佛龛和佛像隐藏到深山中一间小屋的壁橱中坚守自己的信仰。

父亲曾带我去过进行“隐蔽念佛”集会的小屋。我们提着灯笼沿着昏暗的夜路行走，终于走到了深山中废弃的小屋。我看到一个僧人模样的人坐在那里念佛，在他身后，大约 5 个和我年龄相仿、尚未上小学的孩子正在双手合十礼拜。

我加入到他们的行列，那位僧人模样的人对我父亲说："这孩子没问题，不必再来了。"然后他回过头来严肃地对我说："孩子，在今后的一生中，你要一直把'NANMAN，NANMAN，谢谢'挂在嘴边。你一定要每天用这种方式向佛祖表达感激之情。切记，切记。"

他所说的"NANMAN"是"南无阿弥陀佛"的方言，在鹿儿岛大家都说成"NANMAN"。

然后，那位僧人模样的人又转而对我父亲说："如果按照我刚才的叮嘱去做，这孩子的人生将会非常成功。"

"隐蔽念佛"这件事我至今依然记忆犹新。至今为止，我始终严格按照那位僧人的叮嘱，遇事总是念诵感谢的话语："NANMAN，NANMAN，谢谢。"

大约 15 年前，我在临济宗妙心寺派的寺庙出家，成为一名初入佛门的弟子，至今我仍然坚持每天早上修行。禅宗不需要念诵净土真宗教导的"南无阿弥陀佛"，可是我在诵读完禅经后，总是在最后念一句"NANMAN，NANMAN，谢谢"。

我从年轻时就因为工作的缘故奔走于海外，每次在海外的基督教教会或是伊斯兰教的寺院中祈祷时，我必定要念诵“NANMAN，NANMAN，谢谢”，然后双手合十。

从幼年时代至今，我一如既往地念诵感谢的话语，培养了内心的感激之情，我想这应该是我一路走到今天的根基之所在吧。这也说明我们在一生中心怀怎样的想法有多么重要。

我一直利用演讲等各种机会，向大家讲述人生的理想状态。人生是由“命运”这条经线和“因果报应法则”这条纬线编织而成的。但是“命运”不是一成不变的。我曾经借用中国古典作品《阴骘录》的内容谈到过，我们可以利用想好事、努力做好事就会产生好的结果这个因果报应的法则，让我们的人生精彩纷呈。

《阴骘录》写于中国的明朝，它告诉我们，人不必在命运的安排下生活。这本书以故事的形式、从“立命”的角度向我们阐述了只要想好事、做好事，人生就会向好的方向转变。

人生中的确是存在命运的。我们无法预知自己的命运。我们步入的人生旅途，是从我们出生时起就有定数的。也许我的前半生正是如此，在命运的安排下挫折不断，人生充满艰难险阻。

可是，如果在如此艰难的人生的每一个阶段，我们都想好事、做好事，命运就会朝着好的方向发展。相反，如果我们在人生的每个阶段都想坏事、做坏事，命运就会向恶的方向转变。

人生就像铁轨一样，在每一个道岔处都会改变方向。铁轨的道岔处正是与命运中人相遇之处，也正是听取这个人宝贵建议的时刻。只有珍惜这种相遇，重视对方的建议，人生的轨道才会朝着好的方向转换。

如何做好事

那么，重要的是我们该如何努力做好事。

我认为，释迦牟尼所倡导的“六波罗蜜”恰好为我们指出了做好事的方法。释迦牟尼劝导我们，修行的目的在于磨炼灵魂、提高心性，最终达到开悟的境界，这与我刚才谈到的努力做好事如出一辙。

正如我前面谈到的，我在二十五六岁时回顾往事，意识到如果没有那些美好的相遇，就没有今天的自己，于是心生感激之情。而且从那时起，为了为社会、为世人竭尽全力，我付出了不亚于任何人的努力，贯彻正确的做人之道，经受住了考验，并且时常心平气和地反省自己。

我以这种方式生活到今天，与佛祖所提倡的“六波罗蜜”的修行不谋而合。正因为如此，我多灾多难的人生齿轮开始逆转，人生之路变得明朗开阔起来。

现在我已经 81 岁了。如今我对死亡的理解是：将肉体留在现世，灵魂独自踏上通往来世之旅。也就是说，死亡就是灵魂开启新的旅程。

我与很多人不期而遇，他们向我提出了充满诚意与善意的建议，我逐渐明白，与其发牢骚说闲话，不如表示感谢，而且我在感激之余，平日里尽量努力多做好事，因此我的命运发生了巨大转变。

这恰好证明了这样一个人生真理：我在人生中想好事、做好事，命运就会朝着好的方向转变。

总有一天，我的灵魂将踏上新的旅程。在此之前，在我的有生之年里，我必须通过想好事、努力做好事磨炼自己的灵魂，让自己的灵魂比降生到这个世界上时更加美好。我想这正是我们生活在现世的目的，至今我依然在不懈地努力。

我与很多人不期而遇，他们向我提出了充满诚意与善意的建议，我逐渐明白，与其发牢骚说闲话，不如表示感谢，而且我在感激之余，平日里尽量努力多做好事，因此我的命运发生了巨大转变。

这恰好证明了这样一个人生真理：我在人生中想好事、做好事，命运就会朝着好的方向转变。